ECAP 加工超细晶 TWIP 钢的微观结构与力学性能

王雷 著

中国石化出版社

内 容 提 要

本书以孪晶诱导塑性变形钢（TWIP 钢）为对象，通过等径通道挤压技术（ECAP）实现其晶粒的超细晶化。全书以 TWIP 钢与等径通道挤压技术的介绍入手，研究内容包括：晶粒细化后的微观组织结构演化、织构演化及相应的力学性能等。另外，本书重点研究了孪晶结构对应变硬化的影响规律。

本书适合金属材料研究工作者，尤其是从事晶粒细化研究工作的教师及科研人员参考使用。

图书在版编目（CIP）数据

ECAP 加工超细晶 TWIP 钢的微观结构与力学性能 / 王雷著. —北京：中国石化出版社，2018.2
ISBN 978-7-5114-4776-0

Ⅰ. ①E… Ⅱ. ①王… Ⅲ. ①孪晶-诱导-塑性-钢-结构-研究②孪晶-诱导-塑性-钢-力学性能-研究 Ⅳ. ①TG142

中国版本图书馆 CIP 数据核字（2018）第 006275 号

未经本社书面授权，本书任何部分不得被复制、抄袭，或者以任何形式或任何方式传播。版权所有，侵权必究。

中国石化出版社出版发行
地址：北京市朝阳区吉市口路 9 号
邮编：100020　电话：（010）59964500
发行部电话：（010）59964526
http://www.sinopec-press.com
E-mail:press@sinopec.com
北京富泰印刷有限责任公司印刷
全国各地新华书店经销

＊

700×1000 毫米 16 开本 7.75 印张 150 千字
2018 年 2 月第 1 版　2018 年 2 月第 1 次印刷
定价：38.00 元

前言

奥氏体高锰15%~30%孪晶诱导塑性变形钢(TWIP 钢)在力学性能、能量吸收等诸多方面具有极大的潜力。在室温变形时，TWIP 钢展示出极强的强度-塑性兼容性能，被认为将在汽车、建筑、军工等多工业领域成为不可或缺的材料。通常情况下，对这种钢的加工方法为冷轧与热轧，通过这些传统的手段加工后，钢内的晶粒尺度可以达到 1.3~25μm。在这个晶粒尺度范围内，TWIP 钢的变形机理为孪晶与位错滑移相结合的机制。但对于更小的晶粒尺度范围，即超细晶范围内，TWIP 钢的力学性能与变形机制研究尚在讨论阶段。

等径通道挤压技术(Equal Channel Angular Pressing, ECAP)是一种将金属材料及合金晶粒尺度通过强塑性变形细化至超细晶范围内的有效手段。然而，通过这种手段对于 TWIP 钢进行超细晶化的研究报道还非常少见，尤其是对于超细晶化后 TWIP 钢的微观组织演化、织构演化及力学性能表征理解还不够深入。因此，将等径通道挤压技术应用于 TWIP 钢，以了解宏观力学性能与微观结构之间的关系，并深入研究超细晶状态下 TWIP 钢的变形机制是十分重要的。

基于以上考虑，本书主要通过多种研究手段(包括金相显微镜、基于扫描电子显微镜的电子背散射衍射技术、透射电子显微镜)探究经过等径通道挤压后 TWIP 钢的微观组织与织构演化，并研究其与宏观力学性能之间的关系。本书共分为6章。第1章简单介绍世界范围内关于 TWIP 钢的力学性能研究，以及通过传统手段进行晶粒细化后 TWIP

钢的性能改变与相应的变形机制；第 2 章介绍可以实现超细晶化的不同手段及本书中应用的等径通道挤压技术；第 3 章着重叙述实验中应用的 TWIP 钢制备方法、等径通道挤压技术的应用及微观组织检测手段，在本章中，还将重点介绍挤压后 TWIP 钢中微观组织的变化；第 4 章对织构的知识进行简介，并对等径通道挤压前后 TWIP 钢中织构的变化进行分析；第 5 章主要讨论拉伸力学性能与相应的本构方程模型建立，这一章还将重点分析等径通道挤压道次对于拉伸力学性能，应变硬化性能的影响，并通过微观结构分析力学性能变化的原因；第 6 章介绍了现阶段的一些研究成果和未来的研究趋势。

通过本书的分析研究，将较为系统地对 TWIP 钢在细晶、超细晶状态下的力学性能与微观结构研究进行总结，并对经等径通道挤压技术加工后的 TWIP 钢进行全面的研究，对日后 TWIP 钢的研究与应用工作提供指导。

本书写作过程中，得到了西班牙加泰罗尼亚理工大学(Universidad Politécnica de Catalunya, Barcelona, Spain) José María Cabrera Marrero 教授、Jessica Calvo Muñoz 老师的指导和大力支持，部分实验数据由加泰罗尼亚理工大学提供；本书的出版获西安石油大学优秀学术著作出版基金资助。作者在此表示感谢。

由于作者水平有限，文中难免会有错误与不周之处，还请读者批评指正。

目录

第1章 高锰钢与TWIP钢简介 ……………………………………………（1）
1.1 高锰钢 …………………………………………………………（3）
1.1.1 高锰奥氏体钢的冶金历史 …………………………………（3）
1.1.2 TRIP/TWIP钢的变形机制 …………………………………（5）
1.1.3 堆垛层错能对于高锰钢变形机制的影响 …………………（7）
1.1.4 堆垛层错能的计算 …………………………………………（7）
1.1.5 TRIP/TWIP钢的力学性能 …………………………………（9）
1.2 TWIP钢 …………………………………………………………（13）
1.2.1 TWIP钢的典型化学组成 …………………………………（13）
1.2.2 TWIP钢的力学性能 ………………………………………（15）
1.2.3 屈服强度的提升 ……………………………………………（17）

第2章 等径通道挤压的技术背景与主要原理 ………………………（26）
2.1 等径通道挤压的技术原理与背景 ……………………………（27）
2.1.1 强塑性变形技术的背景 ……………………………………（27）
2.1.2 等径通道挤压技术的主要原理 ……………………………（29）
2.1.3 影响等径通道挤压的因素 …………………………………（31）
2.2 力学性能的改变 ………………………………………………（42）
2.2.1 强度的变化 …………………………………………………（42）
2.2.2 疲劳寿命的变化 ……………………………………………（43）
2.2.3 应变硬化率的变化 …………………………………………（43）
2.2.4 塑性的变化 …………………………………………………（43）

第3章 等径通道挤压后TWIP钢的微观组织表征 …………………（46）
3.1 实验用TWIP钢 …………………………………………………（46）
3.2 等径通道挤压过程 ……………………………………………（48）
3.2.1 等径通道挤压系统 …………………………………………（48）
3.2.2 等径通道挤压条件 …………………………………………（49）
3.3 微观组织表征技术 ……………………………………………（50）

I

  3.3.1 金相显微镜 ……………………………………………（50）
  3.3.2 电子背散射衍射技术 ……………………………………（50）
  3.3.3 透射电子显微镜 …………………………………………（53）
 3.4 微观组织表征技术 ……………………………………………（54）
  3.4.1 等径通道挤压前的微观组织表征 ………………………（55）
  3.4.2 室温条件下等径通道挤压后 TWIP 钢的微观组织 ……（57）
  3.4.3 高温条件下等径通道挤压后 TWIP 钢的微观组织 ……（61）

第4章 等径通道挤压后 TWIP 钢的织构表征 ……………………（74）
 4.1 织构的表示方法 ………………………………………………（74）
  4.1.1 极图 ………………………………………………………（74）
  4.1.2 反极图 ……………………………………………………（74）
  4.1.3 取向分布函数 ……………………………………………（75）
 4.2 TWIP 钢的织构演化 …………………………………………（76）
  4.2.1 均匀化退火状态下 TWIP 钢的织构 …………………（76）
  4.2.2 等径通道挤压后 TWIP 钢的织构 ……………………（79）

第5章 等径通道挤压后 TWIP 钢的力学性能 ……………………（84）
 5.1 显微硬度测试 …………………………………………………（84）
 5.2 微拉伸测试 ……………………………………………………（87）
  5.2.1 TWIP 钢的微拉伸测试实验 ……………………………（87）
  5.2.2 高温下等径通道挤压后 TWIP 钢强度的增加 ………（88）
  5.2.3 室温下等径通道挤压后 TWIP 钢强度的增加 ………（91）
  5.2.4 均匀化退火状态下 TWIP 钢的拉伸变形阶段 ………（92）
  5.2.5 等径通道挤压温度对应变硬化能力的影响 …………（96）
 5.3 等径通道挤压后 TWIP 钢本构模型的建立 …………………（97）
  5.3.1 Ludwik 和 Hollomon 本构模型 …………………………（97）
  5.3.2 Swift 本构模型 …………………………………………（98）

第6章 超细晶 TWIP 钢未来研究趋势 ………………………………（101）

参考文献 ………………………………………………………………（104）

第1章
高锰钢与TWIP钢简介

每一年,世界上都有无数的车祸发生,据世界卫生组织提供的数据显示,全世界每年因道路交通事故死亡人数约有125万,相当于全球每天有3500人因交通事故死亡;同时,每年还有几千万人因为车祸而受伤或致残。因此,对于汽车工业而言,通过结构材料设计来保证司机与乘客的安全是非常重要的。另外,新型汽车生产对于节能减排的要求也日益提高。基于此,提高汽车用结构材料的强度与韧性是新型车用结构材料研究的重点。通过图1-1可以看出,由于钢材具有易加工、易成型等特点,对于车用结构材料的设计,钢材在其中占有举足轻重的地位。

图1-1 汽车结构材料组成

最近几年,对于在汽车等行业有着广泛用途的新型高强度钢(Advanced high strength steels,AHSS)的研究成为了钢材料研究的一个热点。每一次对于新型高强度钢的研究突破命名为新一代的高强钢。第一代高强度钢主要包括双相钢(Dual Phase Steels,DP)、相变诱导塑性钢(Transformation Induced Plasticity Steels,TRIP)、多相钢(Complex-Phase Steels,CP)以及马氏体钢(Martensitic Steels,MART)。第一代高强度钢是为了特定部件的生产而研制的,例如,由于较好的能量吸收能力,双相钢主要用于冲击结构件;对于需要更高强度的主要架

1

构件，马氏体钢则扮演了重要的角色。但当碰撞发生时，汽车特定构件需要更高的强度与塑性兼容的性能以保证吸收更高的能量。第一代高强度钢的抗拉强度一般可以达到500~1000MPa，但塑性却随着强度的提高而逐渐降低，如表1-1所示。因此，对于一种钢能够兼容高强度与高韧性的需求促进了第二代高强度钢的诞生。第二代高强度钢是一族高锰含量的钢，在最近几年受到了材料科学研究的广泛关注，如图1-2所示。

表1-1　第一代新型高强度钢的性能

钢的种类	屈服强度/MPa	极限抗拉强度/MPa	断裂延伸率/%
HSLA 350/450	350	450	23~27
DP 300/500	300	500	30~34
DP 350/600	350	600	23~30
TRIP 450/800	450	800	26~32
DP 500/800	500	800	13~20
CP 700/800	700	800	10~15
DP 700/1000	700	1000	12~17
MS 1250/1520	1250	1520	3~6

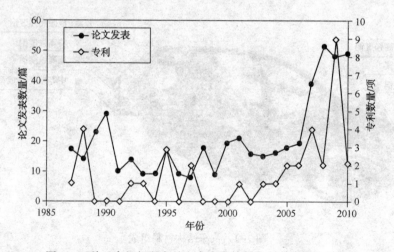

图1-2　关于高锰钢研究的文章发表数与专利申请数的变化

孪晶诱导塑性变形钢(Twinning Induced Plasticity Steels, TWIP)是第二代高强度钢的代表，由德国的马克思普朗克研究所(Max Planck Institute)研制。TWIP钢是一族锰含量较高的钢(18%~30%)，在室温变形时始终为奥氏体组织，并以孪生变形作为重要的变形机制。通过图1-3与图1-4可以看出，将TWIP钢与传统强度钢及第一代新型高强度钢比较，TWIP钢展示出了极其优异的强度-塑性结合性能。

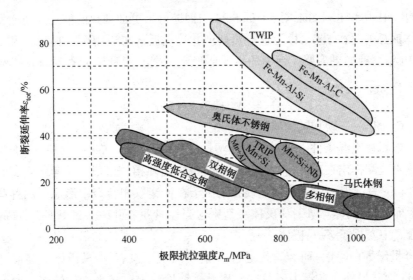

图 1-3　第一代与第二代新型高强度钢力学性能对比

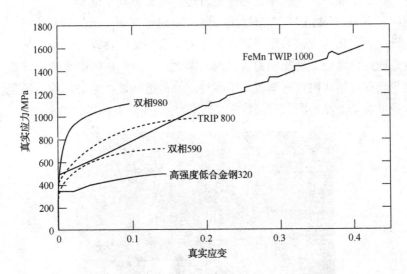

图 1-4　第一代与第二代新型高强度钢拉伸力学性能曲线对比

1.1　高锰钢

1.1.1　高锰奥氏体钢的冶金历史

在介绍高锰钢之前,很有必要对高锰奥氏体钢的冶金历史进行一下总结。高锰奥氏体钢的冶金发展是由 Robert Hadfield 与他的同事 Howe 最先开始的。在

1929年，Hall和Krivobok对于Hadfield的钢进行了更加细致的描述。他们发现纯奥氏体钢必须要在500℃以上进行热处理并淬火后才可以得到。Tofaute和Linden在1936年发现如果需要让钢中的奥氏体稳定，碳元素和锰元素的含量必须满足以下公式：

$$Mn+13C \geqslant 17 \tag{1.1}$$

式中　C、Mn——碳和锰的质量分数，%。

考虑到在室温条件下微观组织随塑性应变的改变，Chevenard在1935年首次通过热磁检测提出在应变过程中Hadfield钢中超硬相的形成。几年之后，Troiano和McGuire总结出之所以出现超硬相是由于在铁锰双相合金中形成了两种马氏体转变，即ε-马氏体与α'-马氏体。其中，当锰含量在12%~29%时，Schmidt在铁锰合金中发现了ε-马氏体。

20世纪50年代，研究者们通过X射线发现了没有ε-马氏体的高应变硬化Hadfield钢。另外，在钢中还通过金相显微镜检测出许多平行的缺陷，研究者们认为这可能是孪晶，但在几年之后才通过透射电镜得到了证实。

同时，在Hadfield钢应变超过35%时，发现了许多交错的滑移线，如图1-5所示。研究者们认为位错采用平面滑移是由于采用交滑移较为困难，另外，位错机制也是这种合金应变硬化能力较强的原因之一。他们还明确地指出较低的堆垛层错能与碳在位错线附近的偏析是滑移特征及吕德斯带产生的原因。但是，在当时，这些可能是孪晶的图案被误认为是滑移线。

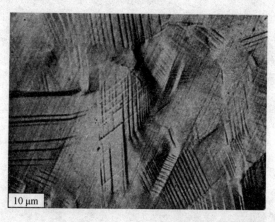

图1-5　在应变超过35%时Hadfield钢中交错的线

对于在Hadfield钢中加入更多的锰、较少量碳(例如，Fe-18/20Mn-0.5C)的研究开始于20世纪70年代。Rémy发现，在孪晶界附近，堆积了大量的位错，所以他第一个提出孪晶可以作为位错滑移的障碍。对于这种高锰合金在低温状态下的推广应用得益于 Charles 的科研团队。他们首先报道了一种 Fe-30Mn-5Al-0.5C 合金在-196℃下获得了 1200MPa 抗拉强度与 70% 延伸率的实验结果,并证实如此优异的力学性能与这种合金大量产生孪晶有关。一系列专利首先是在 20 世纪 90 年代早期由日本钢铁生产商 Kobe 钢铁、Sumitomo 钢铁和 Nippon 钢铁,以及韩国的 Posco 公司申请的。Kim 等为了能在室温下获得大量的孪晶提出将钢的成分改变,设计出称作为高性能的 Fe-25Mn-1.5Al-0.5C-0.1N 钢,当时主要用于汽车生产的薄带冲压。紧接着,Posco 公司在 1995 年申请了关于高锰钢的专利。值得注意的是 Posco 的专利应用到了世界范围,而之前日本钢铁生产商的专利仅仅局限于本国。欧洲的钢铁生产商在 20 世纪 90 年代后半段开始了专利的申请,那时德国的 ThyssenKrupp Stahl 公司与杜塞尔多夫的马普所联合申请了第一个专利。在这之后,法国的钢铁生产商 Usinor 申请了关于高锰钢的专利。进入 21 世纪以来,关于高锰钢的专利开始呈现井喷式增长,如图 1-2 所示。汽车生产商也开始尝试申请将 TWIP 钢(Daimler,Honda)应用与汽车工业的的专利,以便保护他们关于这种新的冶金技术和生产工艺的知识产权(Hyundai-Kia)。

1.1.2 TRIP/TWIP 钢的变形机制

高锰钢是第二代新型高强度钢的基础,他们通常含有 15%~30% 的 Mn 元素以及 C、Al、Si 等,这些钢具有较高的强度与极强的塑性。根据 Mn 含量的不同,这些钢具有两种不同的变形机理:①在 Mn 含量较低时,将会发生马氏体转变($\gamma_{fcc} \xrightarrow{Ms} \varepsilon_{hcp}^{Ms} \rightarrow \alpha_{bcc}^{Ms}$),导致 TRIP(Transformation Induced Plasticity,TRIP)效应;②在 Mn 含量较高时,大量的孪晶生成($\gamma_{fcc} \rightarrow \gamma_{fcc}^{T}$)成为了主要的变形机制,称作 TWIP 效应(Twinning Induced Plasticity)。表 1-2 总结了根据不同的 Mn 含量,Fe-Mn-3Al-3Si 合金拉伸实验前后相的组成,图 1-6 展示了实验前后各相的体积分数,图 1-7 则是变形后 TRIP 钢与 TWIP 钢的微观组织形貌。

表 1-2 典型 TRIP/TWIP 钢的化学组成及在室温条件下拉伸实验前后相的变化

种类	Mn/%	Si/%	Al/%	C/%	N/%	Fe/%	拉伸前的相组成	拉伸后的相组成
Fe-15Mn-3Si-3Al (TRIP)	15.8	3.0	2.9	200	<30	Bal.	$\gamma_{fcc}+\alpha_{bcc}^{ferr}+\varepsilon_{hcp}^{Ms}$	$\gamma_{fcc}+\alpha_{bcc}^{ferr}+\alpha_{bcc}^{Ms}$
Fe-20Mn-3Si-3Al (TRIP/TWIP)	20.1	2.8	2.9	400	<30	Bal.	$\gamma_{fcc}+\varepsilon_{hcp}^{Ms}$	$\gamma_{fcc}+\varepsilon_{hcp}^{Ms}+\alpha_{bcc}^{Ms}$
Fe-25Mn-3Si-3Al (TWIP)	25.6	3.0	2.8	300	<30	Bal.	γ_{fcc}	γ_{fcc}

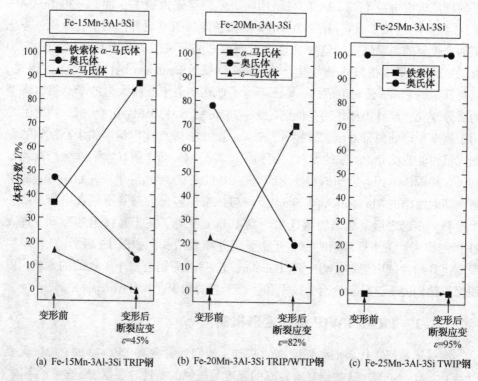

图 1-6　拉伸实验前后相的体积分数

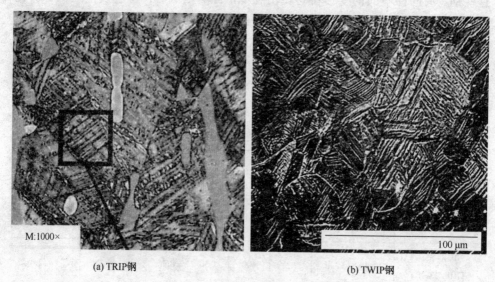

图 1-7　TRIP 钢与 TWIP 钢拉伸后的微观组织

1.1.3 堆垛层错能对于高锰钢变形机制的影响

堆垛层错能（Stacking fault energy，SFE）是控制变形机制的重要因素。根据不同的合金元素，以及他们对于堆垛层错能的作用，变形机制可以从低堆垛层错能下的 TRIP 效应经过中堆垛层错能下的 TWIP 效应，最终转变为高堆垛层错能下的位错滑移机制，如图 1-8 所示。

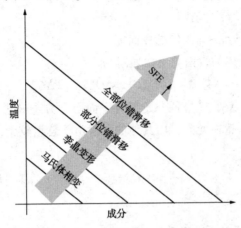

图 1-8　不同堆垛层错能下的变形机制

从热力学的观点来看，TWIP 机制发生在奥氏体相稳定的时候，即马氏体转变（$\gamma_{fcc} \rightarrow \varepsilon_{hcp}^{Ms}$）的吉布斯自由能 $\Delta G^{\gamma \rightarrow \varepsilon}$ 为正的时候。通常，当 $\Delta G^{\gamma \rightarrow \varepsilon} \approx 110 \sim 250 \text{J/mol}$ 时，奥氏体相的堆垛层错能 $\Gamma_{fcc} \approx 25 \text{mJ/m}^2$。相反，TRIP 机制发生在吉布斯自由能 $\Delta G^{\gamma \rightarrow \varepsilon}$ 为负，约为 $=-220 \text{J/mol}$ 或者更低的时候，堆垛层错能相当低，可以达到 $\Gamma_{fcc} \leq 16 \text{mJ/m}^2$，这时将有马氏体转变发生。

Friedel 指出堆垛层错能还可以改变最后形变孪晶的厚度与形貌。许多研究者通过数值模拟的方法来计算孪晶的生成与形貌。近些年有研究人员拓展了 Friedel 的成果，并构建了堆垛层错能与孪晶厚度之间的线性关系，虽然这种方法仅是提供了孪晶厚度的一致性顺序，并且尚未被实验证明。

1.1.4 堆垛层错能的计算

根据以上的讨论，由于孪晶诱导塑性变形钢极强的强度-塑性兼容性，其在汽车等多工业领域拥有广泛的潜在应用价值。根据之前的研究，这样优异的力学性能是由于其堆垛层错能引起的。因此，对于 TWIP 钢堆垛层错能的计算是十分必要的。

在 FCC 金属中，孪晶是由于堆垛层错在临近并平行的密排面上延伸得到的，如图 1-9 所示。由于延伸两个平面的堆垛层错会导致 ε-马氏体的形成，因此，堆垛层错可以通过两个 ε-马氏体原子层密排面的模型来表示。这样，堆垛层错能可以表示为

$$\Gamma = 2\rho\Delta G^{\gamma\to\varepsilon}+2\sigma^{\gamma/\varepsilon} \tag{1.2}$$

式中　Γ——奥氏体的堆垛层错能；

　　　　ρ——FCC 金属晶格中密排面的原子密度；

　　$\Delta G^{\gamma\to\varepsilon}$——奥氏体与 ε-马氏体自由能的差值；

　　$\sigma^{\gamma/\varepsilon}$——奥氏体与 ε-马氏体的界面能。

式中，形成马氏体的自由焓可以表示为

$$\Delta G^{\gamma\to\varepsilon} = \Delta G^{\gamma\to\varepsilon}_{\text{FeMnX}}+x_C\Delta G^{\gamma\to\varepsilon}_{\text{FeMnX/C}}+\Delta G^{\gamma\to\varepsilon}_{\text{mg}} \tag{1.3}$$

通过规则模型，$\Delta G^{\gamma\to\varepsilon}_{\text{FeMnX}}$ 是各个元素对于面心立方金属进行置换的化学贡献。Fe-Mn 是主要考虑的置换元素，而其他的元素由于总量较少，而不予考虑，除了硅元素：

$$\Delta G^{\gamma\to\varepsilon}_{\text{FeMnX}} = \sum_i x_i\Delta G^{\gamma\to\varepsilon}_i + x_{\text{Fe}}x_{\text{Mn}}[C+D(x_{\text{Fe}}-x_{\text{Mn}})]+x_{\text{Fe}}x_{\text{Si}}[E+F(x_{\text{Fe}}-x_{\text{Si}})]$$

$$[1.4(a)]$$

$$\Delta G^{\gamma\to\varepsilon}_i = A_i+B_iT, \quad i=\text{Fe、Mn、Cu、Cr、Al、Si} \qquad [1.4(b)]$$

式中　　　　　　x_i——i 元素的摩尔分数；

　　　　　　　　T——温度；

$\{A_i\}$、$\{B_i\}$、C、D、E、F——拟合参数。

碳元素被认为是加入到面心立方金属中的固溶元素。之前的研究提出了一个关于碳元素及锰元素对于自由能的经验公式：

$$\Delta G^{\gamma\to\varepsilon}_{\text{FeMnX/C}} = \frac{a}{x_C}(1-e^{-bx_C})+cx_{\text{Mn}} \tag{1.5}$$

式中　a、b、c——拟合参数。

在式(1.5)中，$\Delta G^{\gamma\to\varepsilon}_{\text{mg}}$ 是一个磁性项，由于不同项 φ 之间的奈尔转变(顺磁性到反磁性)温度：

$$\Delta G^{\gamma\to\varepsilon}_{\text{mg}} = G^\varepsilon_\text{m}-G^\gamma_\text{m} \qquad [1.6(a)]$$

$$G^\varphi_\text{m} = RT\ln\left(1+\frac{\beta^\varphi}{\mu_B}\right)f\left(\frac{T}{T^\varphi_N}\right) \quad \varphi=\gamma,\varepsilon \qquad [1.6(b)]$$

式中，φ 相的奈尔转变温度，玻尔磁子 μ_B，以及多项式函数 f 可以在相关文献中找到：

$$\beta^\gamma = \beta^\gamma_{\text{Fe}}x_{\text{Fe}}+\beta^\gamma_{\text{Mn}}x_{\text{Mn}}-\beta^\gamma_{\text{FeMn}}x_{\text{Fe}}x_{\text{Mn}}-\beta_C x_C \qquad [1.7(a)]$$

$$\beta^\varepsilon = \beta^\varepsilon_{\text{Mn}}x_{\text{Mn}}-\beta_C x_C \qquad [1.7(b)]$$

β_i^{φ} 是 i 元素在 φ 相中的贡献。T_N^{γ} 可通过经验公式计算。

$$T_N^{\gamma} = 250\ln(x_{Mn}) - 4750x_C x_{Mn} - 222x_{Cu} - 2.6x_{Cr} - 6.2x_{Al} - 13x_{Si} + 720 (K) \quad [1.8(a)]$$

$$T_N^{\varepsilon} = 580x_{Mn} (K) \quad [1.8(b)]$$

本文中计算的相关系数总结在表 1-3 中。

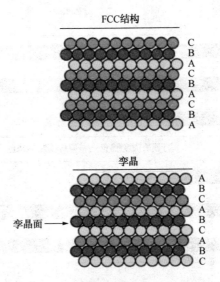

图 1-9 孪晶机制的示意图

表 1-3 堆垛层错能计算的参数总结

ρ	2.94×10^{-5} mol/m²
$\sigma^{\gamma/\varepsilon}$	9 mJ/m²
$\Delta G_{Fe}^{\gamma \to \varepsilon}$	$-2243.38 + 4.309T$ J/mol
$\Delta G_{Mn}^{\gamma \to \varepsilon}$	$-1000.00 + 1.123T$ J/mol
$\Delta G_{FeMn}^{\gamma \to \varepsilon}$	$C = 2873$ J/mol；$D = -717$ J/mol
$\Delta G_{FeMnX/C}^{\gamma \to \varepsilon}$	$a = 1246$ J/mol；$b = 24.29$ J/mol；$c = -17175$ J/mol
β^{γ}/μ_B	$0.7x_{Fe} + 0.62x_{Mn} - 0.64x_{Fe}x_{Mn} - 4x_C$
$\beta^{\varepsilon}/\mu_B$	$0.62x_{Mn} - 4x_C$
$\Delta G_{Al}^{\gamma \to \varepsilon}$	$2800 + 5T$ J/mol
$\Delta G_{Si}^{\gamma \to \varepsilon}$	$-560 - 8T$ J/mol
$\Delta G_{FeSi}^{\gamma \to \varepsilon}$	$E = 2850$ J/mol；$F = 3520$ J/mol

1.1.5 TRIP/TWIP 钢的力学性能

由于 Mn 元素对于堆垛层错能的作用，高锰钢可以在锰含量略低时呈现 TRIP

效应,或是在锰含量略高时呈现 TWIP 效应。由于生成相的不同,TRIP 钢与 TWIP 钢展现了不同的力学性能。图 1-10(a)总结了含有 3%Al、3%Si 的高锰钢,在增加锰含量从 15%~25%时的拉伸力学性能。从中可以看出,极限抗拉强度从 930MPa 降低到 610MPa,但延伸率从 46%提升至 95%,如图 1-10(b)所示。然而,当锰含量超过 25%时,延伸率几乎不变或是略有降低。

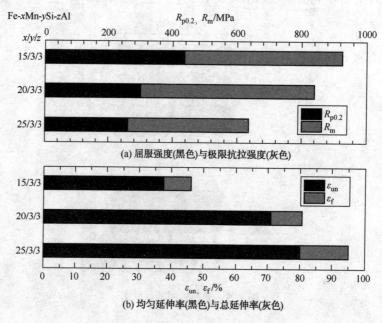

图 1-10 TRIP 钢与 TWIP 钢的力学性能图

图 1-11 为 Mn 含量不同时,TRIP/TWIP 钢的应变硬化与真实应变之间的关系,而图 1-12 则展示了相应的扫描电镜微观组织。对于含有 15%Mn 的钢来说,在变形前,相组成为铁素体、残留奥氏体、bcc 马氏体、hcp 马氏体,而在变形后,通过相变,最终只有铁素体与马氏体。对于含有 20%Mn 的钢来说,原始相组成和之前的 15%Mn 的钢很相似,在变形后,奥氏体相减少,马氏体像增多,如图 1-12(b)所示。但是对于含有 25%Mn 和 30%Mn 的钢,其变形前后的相组成就不同了。在变形前,原始微观组织为带有退火孪晶的奥氏体组织,在变形后,晶粒中出现了许多形变孪晶,如图 1-12(c)和图 1-12(d)所示。

TWIP 钢之所以在室温条件下拥有如此优异的力学性能,是因为在变形过程中,孪晶发挥了至关重要的作用。在室温条件下,孪晶产生出许多细小的亚结构组织,并且孪晶界对于位错的滑移起到了阻碍作用(这种变形机制称为"动态霍尔佩奇效应",图 1-13)。如此一来,位错自由滑移路径将会受阻,从而提高了 TWIP 钢的强度,而大量孪晶的生成使得 TWIP 钢塑性也有很大程度的提高。

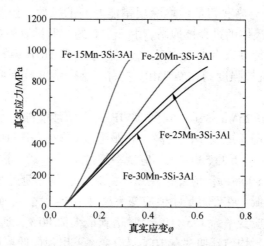

图 1-11 TRIP/TWIP 钢应变硬化与真是应变的关系

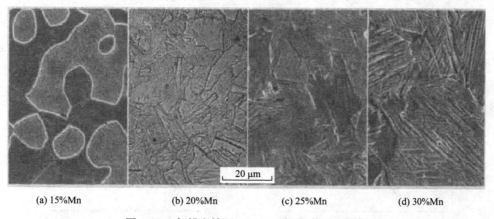

图 1-12 扫描电镜下 TRIP/TWIP 钢的微观组织

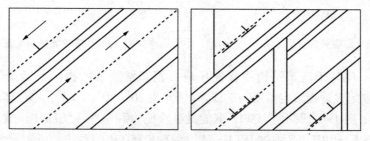

图 1-13 动态霍尔佩奇效应

应变率从 $10^{-4} \sim 1.5 \times 10^3 \mathrm{s}^{-1}$ 下 TRIP/TWIP 钢的屈服强度 $\sigma_{p0.2}$、抗拉强度 σ_m、均匀延伸率 ε_{un} 与断裂应变 ε_f 的变化如图 1-14 所示。在图 1-14(a) 中,随着应变率的提升,均匀应变与断裂应变呈降低趋势。这主要是由于在高应变率下变形

时,拉伸段产生的绝热剪切带使堆垛层错能升高的缘故。因此,奥氏体转变为 α'-马氏体与 ε-马氏体的过程被抑制。由于主要的变形机制为奥氏体相内的位错滑移,所以强度性能并没有太大改变。需要注意的是 TRIP 钢的屈服强度在 450~500MPa 范围,而抗拉强度约在 900MPa 左右。这个强度范围要明显高于后面将要讨论的 TWIP 钢。

化学组成为 Fe-25Mn-3Si-3Al 的 TWIP 钢力学性能随应变率变化的曲线如图 1-14(b) 所示。随着应变率的提高,屈服强度逐渐从 $\dot\varepsilon \approx 10^{-4}\mathrm{s}^{-1}$ 下的 250MPa 提高到 $\dot\varepsilon \approx 1.5\times10^{3}\mathrm{s}^{-1}$ 下的 530MPa。应变率超过 $10^{-2}\mathrm{s}^{-1}$ 后,抗拉强度提升明显,从 600MPa 提高到 800MPa。应变率在 $10^{-1}\mathrm{s}^{-1}$ 之前,均匀延伸率和断裂延伸率随应变率的提升而降低。在经过最小值应变率超过 $10^{-2}\mathrm{s}^{-1}$ 之后,均匀延伸率略微降低。断裂延伸率在应变率为 $1.5\times10^{3}\mathrm{s}^{-1}$ 时达到最大值 80%,通过 XRD 检测其中并未发生相的转变。均匀延伸率在 $10^{-1}\mathrm{s}^{-1}$ 应变率下出现最低点是由于绝热对孪晶生成产生了影响,使得材料变形机制更倾向于位错滑移。然而,在应变率达到 $10^{2}\sim10^{3}\mathrm{s}^{-1}$ 时,由于加载时间短,试样中并没有产生明显的绝热升温,所以孪生机制维持了较高的延伸率,如图 1-14(b) 所示。

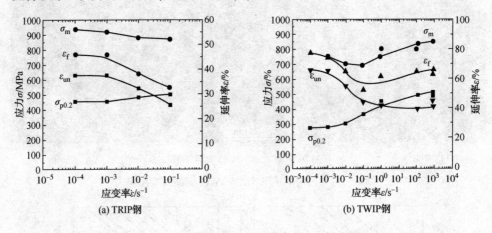

图 1-14 屈服强度 $\sigma_{p0.2}$、抗拉强度 σ_m、均匀延伸率 ε_{un} 与断裂应变 ε_f 随应变率的变化

另外一项对于汽车结构用深冲压成形钢非常重要的指标是能量吸收能力 E_{spec},它被定义为在给定温度与应变率(通常为 $10^{2}\sim10^{3}\mathrm{s}^{-1}$)下,单位体积吸收变形的能量。图 1-15 展示了 TWIP 钢能量吸收能力和一些传统深冲压成型钢,如 FeP04,ZStE180BH,高强度 IF(HS) 以及 QStE500TM 的对比,可以看出,TWIP 钢的能量吸收能力约为 $E_{\mathrm{spec}}=0.5\mathrm{J/mm^3}$,而传统用钢的能量吸收能力在 $0.16\sim0.25\mathrm{J/mm^3}$ 范围内。因此,TWIP 钢相比于传统用钢,其能量吸收能力基本提高了 1 倍,这正是由于在高应变率变形时产生了大量孪晶的作用。

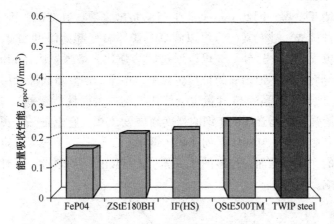

图 1-15　TWIP 钢与传统深冲压成型刚能量吸收能力对比

1.2　TWIP 钢

孪晶诱导塑性变形钢(Twinning Induced Plasticity Steels, TWIP)是由位于德国杜塞尔多夫的马克思普朗克研究所同德国钢铁协会(VDEh)共同研制。TWIP 钢由于其优异的高强度、高塑性、高应变硬化指数与能量吸收能力的力学性能吸引了全球材料工作者的兴趣。不同于传统材料的位错滑移机制，TWIP 钢的孪生变形机制使这样的性能成为了可能，如此综合的力学性能使得 TWIP 钢在汽车等多工业领域有着广泛的前景。

1.2.1　TWIP 钢的典型化学组成

目前，主要有三种类型的 TWIP 钢：Fe-Mn-Al-Si 系列、Fe-Mn-C 系列和 Fe-Mn-Al-C 系列。不同的合金元素对于堆垛层错能及 TWIP 钢的性能有着不同的影响，如图 1-16 所示。Mn 元素是 TWIP 钢中最重要的元素，因为它具有很强的奥氏体稳定作用。事实上，TWIP 钢在室温状态下必须是奥氏体组织才可以保证孪晶的生成，这也是 TWIP 钢种 Mn 含量往往超过 18% 的原因。另外一个决定是否产生形变孪晶的重要因素是堆垛层错能，已经在 1.1.3 节中着重讲述。因此，上述 Mn 元素的另一个重要作用就是将堆垛层错能控制在 TWIP 效应范围以内。一般来说，随着 Mn 元素的增加，TWIP 钢的韧性升高而强度降低。除了 Mn 元素，Al 元素也是 TWIP 钢中重要的组成元素，它同样有着提高堆垛层错能并抑制马氏体相变的作用。根据 G. Frommeyer 等的研究结果，在钢中加入一定成分的 Al(虽然通常 Al 的加入量不超过 3%)，对于材料总密度的减少有非常明显的作用，如图 1-17 所示。再者，最初添加 Al 元素也因为它对于避免钢的延迟断裂有着重要的作用。但是，由于 Al 比较容易氧化，在铸造阶段，Al 容易生成氧化残余物可能会堵塞喷嘴。因此，从工业生产的角度来看，在 TWIP 钢中加入 Al 元素其实是一种挑战。硅元素(Si)可以降低马氏体转变起始温度 Ms，在室温条件下可以稳定奥氏体相。另外，Si 可以通过固溶强化来增强奥氏体相的强度(每增加 1% 的 Si，将会增加 50MPa 的抗拉强度)。可是，Si 会降低堆垛层错能并阻碍 TWIP 效应。此外，过高的 Si 含量也会使热轧钢的表面性能变差。碳元素(C)也可以通过固溶强化来增强 TWIP 钢的强度与硬度，并且它也是一个奥氏体相的稳定元素。尤其是在 Fe-Mn-C 系列 TWIP 钢中，C 元素对于获得稳定奥氏体起到了至关重要的作用。然而，过多的 C 元素会对 TWIP 钢的塑性、任性及焊接性能造成不良影响。

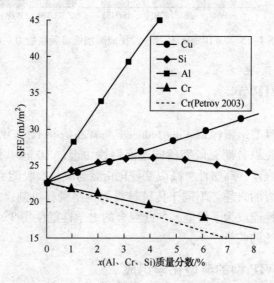

图 1-16　不同元素对于堆垛层错能的影响

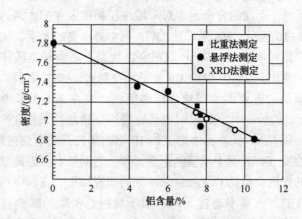

图 1-17　Al 元素对于 Fe-Al 合金密度的影响

C元素同样对孪晶的生成有着重要作用。有研究表明低的堆垛层错能是形成变形孪晶的必要条件，但却不是充分条件。例如，曾有研究证明Fe-30Mn钢只通过位错滑移进行变形，而Fe-22Mn-0.6C钢、Fe-17Mn-0.9C钢和Fe-12Mn-1.2C钢却同时拥有孪生变形与位错滑移两种机制。这几种钢有着相近的堆垛层错能，它们抑制马氏体相变发生的能力是相近的，如图1-18所示。那么，对于这几种钢来说，能否形成形变孪晶的关键因素就是C元素了。

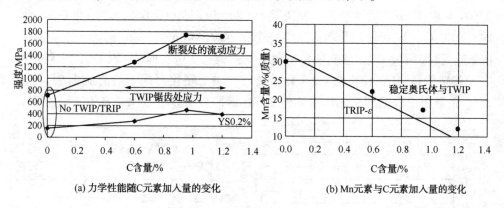

(a) 力学性能随C元素加入量的变化　　　　(b) Mn元素与C元素加入量的变化

图1-18　四种不同成分FeMnC钢

C元素能够引起孪生变形主要是因为孪晶产生临界分切应力的存在。这个分切应力的门槛值对于纯金属、合金的单晶或多晶都可以检测到。根据Christian和Majahan的研究，分切应力与施加的载荷(拉伸或压缩)、温度、预应变、晶粒尺度、应变率等有关。Meyers等的研究也表明低的堆垛层错能还不足以保证形变孪晶的生成。

很多研究表明孪晶的形核是需要位错塞积引起应力集中的，这个应力集中主要是为了客服延伸堆垛层错形成孪晶的临界分切应力。1964年，Venables提出了第一个模型：

$$\left[\frac{1}{3}+\frac{(1-v)L_{pile}}{1.84\mu b_{110}}\tau^{C\text{-}twin}\right]\tau^{C\text{-}twin}=\frac{SFE_{int\ rinsic}}{b_{112}} \quad (1.9)$$

在这个模型中，L_{pile}是位错堆积的特征长度，v是泊松比。在这之后许多研究者关于位错机制诱使孪晶形核的模型都是建立在这个模型的思想基础上的。从式(1.9)中可以看出，位错堆积特征长度L_{pile}的增加会使孪晶产生的临界分切应力降低，而C元素就有着促进平面滑移增加特征长度L_{pile}的作用。

1.2.2　TWIP钢的力学性能

正如在1.1.5节中讨论的，高锰TWIP钢融合了高强度、高塑性、高应变硬化能力等多种优异的力学性能指标。对于 TWIP 钢的拉伸力学性能，Barbier 对于一个晶粒尺度为 2.6μm 的 Fe-22Mn-0.6C 钢进行了深入研究，其真实应力应变与应变硬化曲线如图 1-19 所示。从图中可以看出，TWIP 钢抗拉强度超过了 1000MPa 并且保持了 70% 的断裂延伸率，同时，还可以观察到应力应变曲线部分阶段呈锯齿状。另外，TWIP 钢的应变硬化能力非常高，如图 1-19(b) 所示。在变形阶段，应变硬化可以划分为几个阶段。在应变范围为 0～0.02(阶段 A)中，应变硬化急剧下降至 $(d\sigma/d\varepsilon)/G_0 = 0.045$；之后至 0.1 应变时(阶段 B)，应变硬化升高达到第一个稳定阶段 $(d\sigma/d\varepsilon)/G_0 = 0.048$；之后至 0.2 应变时(阶段 C)，应变硬化略微降低；到 0.3 应变时(阶段 D)，达到到第二个稳定阶段 $(d\sigma/d\varepsilon)/G_0 = 0.043$；最后，应变硬化再次下降直到断裂(阶段 E)。正是由于应变硬化的作用才使 TWIP 钢拥有了强度塑性兼容的优异性能。

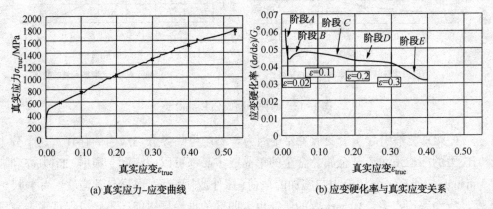

(a) 真实应力-应变曲线　　(b) 应变硬化率与真实应变关系

图 1-19　Fe-22Mn-0.6CTWIP 钢

关于 TWIP 钢力学性能的研究，最值得关注的还是它极强的应变硬化能力。正如之前所研究的那样，在所有可能的变形机理中(孪晶机理、伪孪晶机理、动态应变时效机理、柯氏气团机理)，最适合解释 TWIP 钢应变硬化能力的就是孪晶对于位错的阻碍作用机制。目前这个机制已经被广泛的进行定量研究，孪晶的作用主要表现在：

(1) 在没有孪晶生成的情况下，Fe-30Mn 合金的应变硬化能力大幅下降，主要是由于这个合金只通过位错滑移来进行应变；

(2) 即使缺少了碳的固溶强化作用，有孪晶生成的合金依然存在很强的应变硬化能力。

另外，Kim 等还证实孪晶是 TWIP 钢中高应变硬化能力的最佳解释，而不是动态应变时效机制。他们在对 Fe-18Mn-0.6C-1.5AlTWIP 钢进行研究时发现，动态应变时效对于总的流动应力的贡献不超过 20MPa(<3%)，甚至可以忽略。

1.2.3 屈服强度的提升

目前，对于 TWIP 钢在工业生产中应用的一个限制因素是它的屈服强度与其他新型高强度钢相比较低。这一点在很多工业领域非常重要，因为在抗击变形与断裂时，屈服强度是非常重要的指标。本节将讨论几个改善 TWIP 钢屈服强度的方法。

1.2.3.1 轧制预紧

由于 TWIP 钢自身很好的塑性性能，轧制之后的 TWIP 钢会保持很好的成型性能，因此轧制预紧被认为是对 TWIP 钢进行强化的有效途径。如图 1-20 所示为对 Fe-22Mn-0.6C-0.2V TWIP 钢进行不同程度轧制时力学性能的改变。从图中可以看出，屈服强度可以通过轧制进行相当程度的提高，例如，在 10% 轧制后，屈服强度可以达到 1000MPa，同时均匀延伸率还可以保持在 25%。但是，轧制预紧有两个问题：

(1) 瞬时应变硬化系数 n 急剧降低（0.4→0.18），这就说明通过均匀应变硬化系数的模型来对轧制后的 TWIP 钢进行模拟将不够准确。

(2) 轧制后的 TWIP 钢有很强的各向异性。

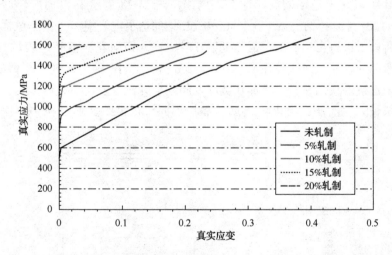

图 1-20　轧制之后 Fe-22Mn-0.6C-0.2V TWIP 钢的力学性能

这样将会对于板材的成型性能有很大的影响，如图 1-21 所示轧制对于 Fe-22Mn-0.6C TWIP 钢半球扩张实验后最高顶高度的影响。轧制对于韧性的降低在边缘切割时更加明显。

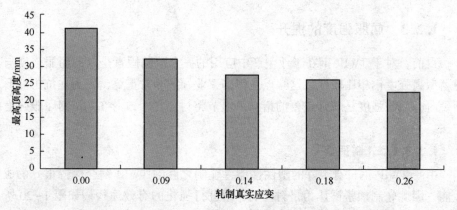

图 1-21　轧制对于 Fe-22Mn-0.6C TWIP 钢半球扩张实验后最高顶高度的影响

1.2.3.2　对轧制后 TWIP 钢的部分回复和再结晶

上一节提出了轧制对于 TWIP 钢成型性能影响的问题，那么，是否可以通过部分回复与再结晶来降低轧制对于韧性的影响呢？如图 1-22 所示，在 TWIP 钢中回复对于屈服强度的降低作用很小，所以在此温度下可以认为孪晶依然是其主要的变形机制。有实验已经观察到在再结晶开始前，Fe-22Mn-0.6C 钢中在室温下通过轧制引入了稳定的变形孪晶。例如，图 1-23 展示了 50% 冷轧后再进行 625℃ 下 120s 部分再结晶后 Fe-22Mn-0.6C 钢的透射电镜组织。由于试样进行了旋转，所以未进行再结晶的晶粒靠近 [011] 方向。衍射花样清晰地表示 {111} 点是由于孪晶的存在。Dini 等在 Fe-31Mn-3Al-3Si TWIP 钢中发现了相似的结果。相比于未进行退火的材料，孪晶在宽度及间距上并没有发现明显的改变，这说明孪晶并未长大。然而，与未再结晶的晶粒不同，在再结晶的晶粒中，位错密度很低。

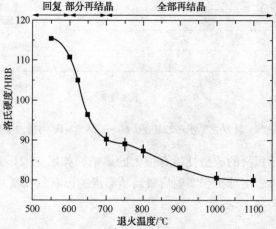

图 1-22　在 Fe-18Mn-0.6C-1.5Al TWIP 钢中，罗氏硬度随退火温度的改变

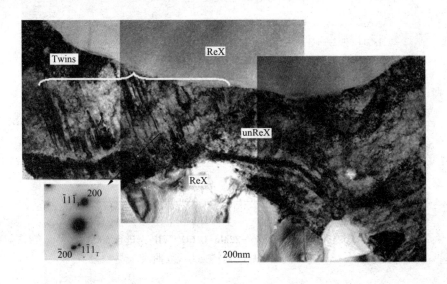

图1-23 50%冷轧后Fe-22Mn-0.6C TWIP钢在625℃下退火120s后发生部分再结晶的TEM明场组织

如图1-24所示为对经50%冷轧后的Fe-22Mn-0.6C TWIP钢进行500℃下3600s退火后组织的EBSD质量图。从图中可以看到高密度的变形孪晶。其单轴拉伸的真实应力应变曲线图如图1-25所示,从中可以看出,试样在退火后显示出各向同性,其屈服应力则下降到1200MPa以下。相应的,由于应变硬化的作用,均匀延伸率从2%增长到8%。那么,普遍认为在低于625℃下进行退火可以得到屈服强度与应变硬化兼容的TWIP钢。

图1-24 50%冷轧后的Fe-22Mn-0.6C TWIP钢进行500℃下3600s退火后组织的EBSD质量图

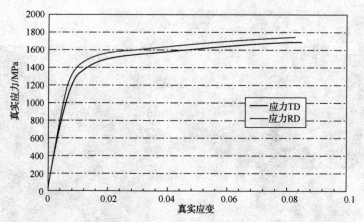

图 1-25　50%冷轧后的 Fe-22Mn-0.6C TWIP 钢进行 500℃下 3600s 退火后的真实应力应变曲线

之前，有研究者对于 Fe-22Mn-0.6C 及 Fe-17Mn-0.9C-0.3V TWIP 钢进行了一系列研究来确定对力学性能有提高帮助的预变性及回复退火时间。同时，Kang 和 Viscorova 等分别又对 Fe-18Mn-0.6C-1.5Al TWIP 钢及 Fe-16Mn-0.08C-2.4Al-2.5Si TWIP 钢做了相似的研究。通过冷轧对两种 TWIP 钢(Fe-22Mn-0.6C 及 Fe-17Mn-0.9C-0.3V)进行预变性(变形量为 0%、15%、30%和 50%)，再进行不同温度(350℃、400℃和 500℃)不同时间(60s、1800s 和 3600s)下回复退火的实验表明，回复退火不宜进行过高温度及过长时间，因为在这种情况下有渗碳体析出的危险。在不同退火时间与温度下的力学性能如图 1-26 所示，总体来说，

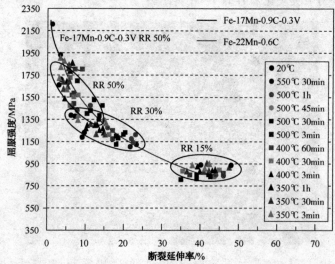

图 1-26　不同程度轧制后 Fe-22Mn-0.6C 及 Fe-17Mn-0.9C-0.3V TWIP 钢在不同温度、时间退火后的屈服强度与延伸率

退火温度越高，屈服应力降低而延伸率升高。Kang 等对于 Fe-18Mn-0.6C-1.5Al TWIP 钢进行了更加完善的研究，他们进行了 60% 的轧制预变性并进行了更高温度的退火。在 550~1100℃ 之间回复退火 600s 后的拉伸应力曲线如图 1-27 所示，值得注意的是，在 700℃ 及以上温度退火后，渗碳体已经开始析出。

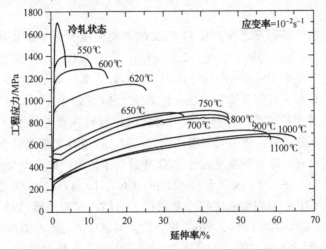

图 1-27　60% 轧制后 Fe-18Mn-0.6C-1.5Al TWIP 钢在 550~1100℃ 之间回复退火 600s 后的工程应力应变曲线

将回复退火温度提升至 550℃ 以上可以使微观组织部分再结晶，这种方法对于低碳 TWIP 钢来说很合适，因为渗碳体析出的可能性较小。Dini 等经过研究发现最佳的屈服强度/延伸率是在最大轧制变形并配合部分再结晶退火时产生，如图 1-28 所示。需要注意的是在这个温度区间，力学性能对于温度变化的敏感性很高，还容易导致工业生产的鲁棒性问题。

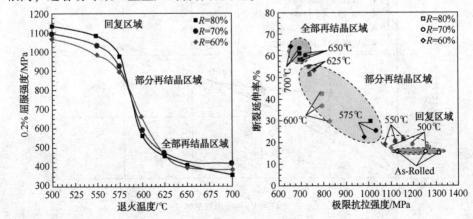

图 1-28　Fe-31Mn-3Al-3Si TWIP 钢力学性能与预变性、回复退火温度的关系

1.2.3.3 析出强化

目前,对于在冷轧及退火后 TWIP 钢中析出强化的系统研究很少,但在高锰奥氏体钢中析出过渡金属碳化物方面有相当多的研究。其中大部分早期的研究是对于 Hadfield 钢析出强化的尝试,但最近的研究则是对于 Fe-Mn 基形状记忆合金的强化研究。

除了已经给出的研究之外,有 11 篇文献主要关注 V 元素的析出强化,5 篇文献主要关注 Nb 元素的析出强化,2 篇文献主要关注 Ti+V 元素的析出强化,1 篇文献则主要关注 Ti+W 元素的强化作用。大多数的文献都是对于铸锭或热轧件进行的研究,只有 3 篇主要研究的是冷轧试样。通过以上的研究,没有作者发现锰含量的提高对于析出产物的作用,另外,极少有研究者进行了析出方面的计算,例如扩散系数及奥氏体中的溶解产物。同时,极少有文献提供析出体积分数的资料,目前只有一篇文章系统地通过 TEM 进行了析出产物大小及密度的研究。

图 1-29 将 Ti、V、Nb 固溶于 Fe-22Mn-0.6C、Fe-17Mn-0.9C 及 Fe-18Mn-0.6C-0.9Al TWIP 钢后屈服强度的改变进行了总结。实验是通过对 1.5mm 厚的冷轧退火板(晶粒尺度为 1.2~2.5μm)进行的。对试样的再结晶退火温度为 740~850℃,保温时间为 60~180s。实验还将不同退火温度下析出尺寸与体积分数进行了总结。通过计算,发现强化机制主要是 Ashby-Orowan 强化。由于析出体积分数和尺寸并不恒定,所以图 1-29 总结的是工程应力。即便如此,图中清楚地表现了每种元素的强化潜力。从合金设计的角度,其反映的趋势还是对于工业生产十分有帮助。有趣的是虽然 C 含量有较大差异,两种含 V 的曲线的拟合仍然非常接近。对于添加量<0.1%(质量)的合金元素,其强化作用的顺序为 Ti>V>Nb。Ti 元素对于屈服强度的提成效果最为明显,可达 150MPa,但超过这个极限后,Ti

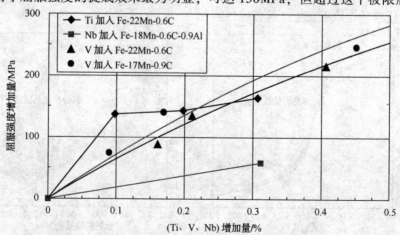

图 1-29 在 Fe-(17~22)Mn-(0.6~0.9)C TWIP 钢冷轧板中通过合金强化来达到屈服强度的提升

的强化作用达到饱和。Nb 通常是通过形成 NbC 来进行析出强化的,但形成颗粒往往较为粗大,这样会降低强化效果。V 元素具有适中的强化效果,但 V 元素强化最大的好处是它不会像 Ti 元素那样达到饱和。这是由于 V 元素在奥氏体中拥有更高的溶解率,因此在熔炼及轧制过程中不容易出现粗大的颗粒。实际上,通过 V 元素的添加,在饱和前屈服强度增长可达 400MPa,如图 1-30(a)所示。另外,其韧性的降低也非常低,如图 1-30(b)所示。

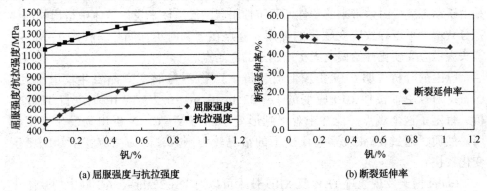

图 1-30　Fe-17Mn-0.9C TWIP 钢冷轧板加入 V 元素后力学性能的变化

通过析出强化,TWIP 钢的应变硬化也有很大程度的提高,如图 1-31 所示,这也解释了为什么断裂延伸率提高的原因。如前所述,由于动态应变时效(DSA)的存在,高锰钢中屈服强度变得不均匀,在应力应变曲线中表现为锯齿状。由于这些锯齿状曲线的出现,使得应变硬化的研究变得困难,因此,必须在微分后进行平滑处理才可进行研究。

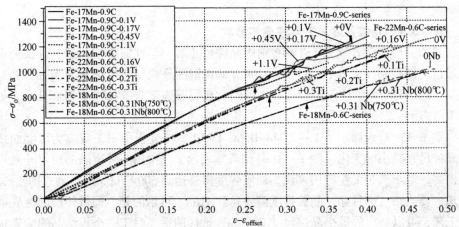

图 1-31　Fe-17Mn-0.9C、Fe-22Mn-0.6C 及 Fe-18Mn-0.6C-0.9Al TWIP 钢
冷轧板中加入 Ti、Nb、V 后力学性能的变化

图 1-31 中的数据体现了三种基本合金不同应变硬化的相应，其中，Fe-17Mn-0.9C 展现了最高的应变硬化率。从图中还可以看出，不管合金元素如何组成，在低应变时（$\varepsilon<0.25$），析出物的出现并不改变应变硬化行为。在应变大于 0.25 时，趋势并不是非常清晰。随着合金元素的增加，总的应变硬化（$\sigma_{max}-\sigma_0$）呈单调递减趋势，这点在 Fe-17Mn-0.9C TWIP 钢中加入 V 元素是尤为明显。不过在较高应变时，析出合金元素对于应变硬化的影响并不好预测，很大一部分原因是由于动态应变时效带来的塑性不稳定性引起的。总体来说，基体中析出物的体积分数增大可以导致应变硬化的提高，这点在饱和时更加明显。在图 1-31 中，箭头表示应变硬化开始偏离无析出状态的起始点。

以上的分析说明在应变较低时，析出产物不与形变孪晶发生交互作用。Dumay 对经单轴拉伸 10% 应变的 Fe-22Mn-0.6C-0.2V TWIP 钢进行 TEM 分析，肯定了这个观点。他并未观察到形变孪晶与 V、C、N 析出物发生交汇作用。然而，通过 TEM 观察高应变下的情况较为困难，因为高应变下缺陷密度变化较快。

Collet 博士发现通过 TEM 及 XRD 技术可以对 Fe-22Mn-0.6C 钢中的缺陷密度进行测量，并可通过 Wilkens 的方法来分析峰形以考虑合金中的平面滑移。通过对 XRD 中峰的轮廓测定可以确定堆垛层错密度及孪晶界。通过这个方法，Scott 等发现在单轴拉伸中，相比于 Fe-22Mn-0.6C 钢，Fe-22Mn-0.6C-0.2V 钢中平面缺陷（孪晶+堆垛层错）在真是应变为 0.2~0.3 时开始偏离。位错密度方面的检测两者并未发现差异。因此，图 1-30 中应变硬化的减少主要是由于孪晶形成率的降低。关于析出物与孪晶交互作用的物理机制尚不清楚，还有待更加深入的研究。

1.2.3.4 晶粒尺度对力学性能的影响

目前，许多学者致力于 TWIP 钢中晶粒尺寸对力学性能影响的研究。Bouaziz 等通过轧制控制技术将 Fe-22Mn-0.6C TWIP 钢的晶粒尺寸细化至 $1.3\mu m$，并与粗晶 TWIP 钢的力学性能进行比较。他们发现屈服强度与抗拉强度明显升高，如图 1-32 所示。

图 1-33（a）也展示了 Fe-22Mn-0.6C TWIP 钢冷轧板中中工程应力应变曲线随晶粒尺寸减小的变化。图 1-33（b）则着重表示了其中屈服强度随晶粒尺寸减小的提高。对于汽车工业应用来说，屈服强度需要达到 600~700MPa，通过图 1-33 可知，要达到这个目标，晶粒尺度需要达到 $1\mu m$。可惜的是，通过传统的冷轧退火工艺，可以获得的最小晶粒尺寸 $2.5\mu m$，这样的话，对于完全再结晶的冷轧板可以获得的最高屈服强度仅为 450MPa。

在众多使 TWIP 钢晶粒尺度减小的方法中，强塑性变形方法（Severe plastic deformation）也应该是需要考虑的。然而，关于通过这种方法进一步减小 TWIP 钢

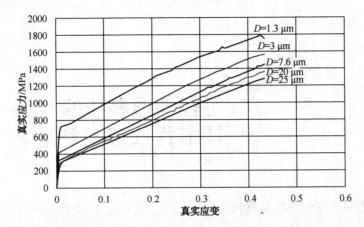

图 1-32 Fe-22Mn-0.6C TWIP 钢中晶粒尺寸与真实应力应变曲线的关系

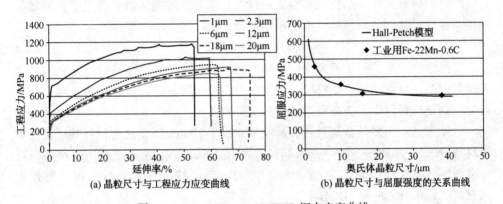

(a) 晶粒尺寸与工程应力应变曲线　　(b) 晶粒尺寸与屈服强度的关系曲线

图 1-33 Fe-22Mn-0.6C TWIP 钢中应变曲线

中晶粒尺寸至超细晶尺度的研究还较少。虽然晶粒尺寸减小时相应的力学性能改变已较为清楚，但当晶粒尺度达到超细晶时屈服强度与抗拉强度的提升，及相应的变形机制尚不清楚，这正是研究者所关心的。

第2章 等径通道挤压的技术背景与主要原理

众所周知,与传统粗晶材料不同,细晶、超细晶材料表现出非常优异的性能。通过将材料进行晶粒细化来使晶格重排是发展新型高性能材料的趋势之一。经过广泛的研究发现,晶粒尺寸是影响材料力学性能的关键因素。关于材料屈服强度与经理尺寸的关系服从经典的霍尔佩奇公式:

$$\sigma_y = \sigma_0 + k_y d^{-1/2} \tag{2.1}$$

根据这个关系,对于绝大多数多晶金属材料来说,强度与晶粒尺寸之间呈负幂指数关系,也就是说,晶粒尺寸越小,材料的强度越高。因此,通过减小晶粒尺寸一直是材料科学家提高屈服强度的重要方式。

总体来说,当多晶金属材料的晶粒尺寸小于100nm时,这种材料被定义为纳米材料(Nanocrystalline,NC);当晶粒尺寸在100nm~1μm范围时,这种材料被定义为超细晶材料(Ultrafine Grained,UFG);当晶粒尺寸大于1μm时,称作粗晶材料(Coarse Grained,CG)。

由下到上(bottom-up)与由上到下(top-down)为两种互补的合成超细晶的基础方法。在由下到上的方法中,超细晶材料是通过合成单个原子或固化纳米颗粒固体的方法形成的。这类方法中,几个主要的技术方法有:气相沉积法、电沉积法、球磨固化法及热球磨静压法。事实上,这些方法通常只能生产小型试样,大多用于电子产品器件,不适宜生产大尺寸的机构件。另外,通过这些方法生产出的产品通常含有一定程度的孔洞和轻微的污染,所以在工程材料领域很难通过这些方法进行超细晶材料的加工。近几年的一些研究显示大的块状致密材料可在热球磨静压法的基础上进行继续的挤压来实现,但这种方法成本很高,并且在现阶段的工业生产中难以实施。

由上到下的生产方法原理与由下到上的方法有很大不同,它是通过对大块粗晶固体施加强应变或震动载荷来达到晶粒细化的目的的。这种方法避免了由下到上生产方法带来的试样尺寸小、有污染等缺点,并且由上到下的方法适用于大多数超细晶合金的生产。20世纪90年代,研究者们第一次通过由上到下的生产方法对一系列纯金属及合金完成了超细晶化。这些早期的研究就已证实通过施加强塑性变形可使大块金属材料晶粒细化至超细晶状态，并且晶粒尺度均匀呈等轴状态，大部分晶界为大角度晶界。

目前，共有5种由上到下的生产方法来生产纳米或超细晶金属：高温条件下的机械研磨合成法、强塑性变形法、气相沉积法、电沉积法及非晶合金晶化法。

2.1 等径通道挤压的技术原理与背景

2.1.1 强塑性变形技术的背景

为了将大块粗晶材料转变为超细晶材料，首先需要通过变形手段为材料内部引入大量位错，另外需要将这些位错重排来形成晶界。然而，在实际情况中，通常对金属材料进行加工的方式，如挤压与轧制，不容易将材料晶粒细化至超细晶状态，这主要有两方面的原因：第一，由于通过传统方式加工后试样截面积上的变化，因此很难对材料施加非常高的应变；第二，由于金属合金在室温或低温条件下加工性能的不足，通过传统方法所施加的应变不足以使材料晶粒达到超细晶状态。正是由于这些方面的限制，使研究者们不得不将目光聚焦于新的加工技术，通过强塑性变形，在尽量不改变试样截面积的情况下，并在较低温度下对材料施加更高的应变。

强塑性变形方法(Severe Plastic Deformation, SPD)，可以这样定义：在不改变块状金属材料整体尺寸的同时，对金属或合金在施加超高应变的加工方法，并且通过这种方法可以使材料晶粒得到细化。所以，通常使用这种方法加工后的块状金属材料在任意截面上拥有超过1000个晶粒。强塑性变形方法作为一种新型的变形方法可以在变形过程中引入传统方法很难达到的应变，是产生细晶、超细晶甚至纳米晶块状材料的有效方法，适于获得高强-高塑性性能的先进材料。

强塑性变形法细化晶粒的主要机制是对材料施加很强的剪切塑性变形，并很快升高材料内部的位错密度。在高位错密度区域，位错将会交汇、堆积、重排，形成亚晶界。随着应变的继续，亚晶界逐渐转换为大角度晶界，导致晶粒细化。

强塑性变形作为一种加工细晶、超细晶金属材料的新方法，主要经历了以下几个发展阶段：

(1) 20世纪80年代，强塑性变形方法的概念第一次被提出，研究者们对于强塑性变形方法进行了初步研究。1981年，V. M. Segal等提出了等径通道挤压技术的概念；1984年，V. A. Zhorin等提出了高压扭转技术(High Pressure Torsion, HPT)。这个阶段是强塑性变形发展到孕育阶段。

(2) 20世纪90年代，R. Z. Valiev和T. G. Langdon等完成了主要的研究工作。在20世纪90年代初期，他们的研究逐渐吸引了很多学者的关注，并开始将强塑性变形技术推向全球。

(3) 20世纪90年代末期,致力于强塑性变形的研究队伍不断壮大,开始初具规模,一系列科研文章与专利诞生,这个课题开始成为材料科学界的热点。再经过10年的不断探索研究后,开始为工业应用提供这种方法的制备、微观组织表征等基础技术。

目前,通过强塑性变形来获得大块细晶材料的主要方法有:等径通道挤压技术、累计轧制技术(Accumulative Roll Bonding, ARB)、高压扭转技术、球磨技术(Ball Milling, BM)、循环挤压技术(Cyclic Extrusion Compression, CEC)、多方向锻造技术(Multi-Directional Forging, MDF)、反复褶皱与矫直技术(Repetitive Corrugation and Straightening, RCS)、扭曲挤压技术(Twist Extrusion, TE)、限制挤压技术(Constrained Groove Pressing, CGP)、剧烈扭转技术(Severe Torsion Straining, STS)、闭式模锻技术(Cyclic Closed-Die Forging, CCDF)、超短多道轧制技术(Super Short Multi-Pass Rolling, SSMR)。其中一部分技术的原理示意图如图2-1所示。其中,高压扭转技术与等径通道挤压技术(图2-2)是发展最快也是最常用的强塑性变形技术。

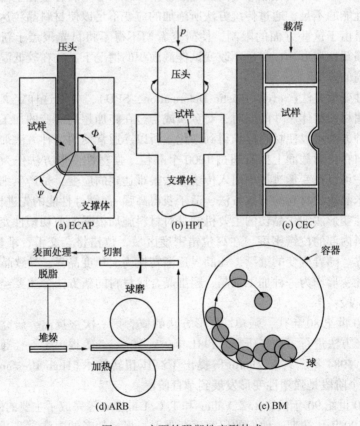

图2-1 主要的强塑性变形技术

强塑性变形的优点之一是在制备纳米结构材料的同时不改变其理论密度,这点有的其他方法也可以做到,如球磨固化法、气相沉积法及非晶合金晶化法。但在强塑性变形方法加工过程中,试样的尺寸不发生变化,因此,加工可以重复进行来获得极高的累计应变。经过强塑性变形的材料的一个典型特征是形成了超细晶或纳米晶结构,并且通过三种作用有利于形成较高体积分数的大角度晶界(High Angle Grain Boundaries, HAGB):第一种作用是在变形过程中,已有晶粒的伸长,导致大角度晶界的空间变大;第二种作用是晶粒开始分割;第三种作用是剪切带对伸长晶粒的切割作用同样可以形成大角度晶界。

已有一系列的研究证明等径通道挤压技术可以加工高密度块状超细晶材料,这也打开了工程应用的大门。在本书研究内容中,将运用等径通道挤压技术来细化 TWIP 钢中的晶粒。

2.1.2 等径通道挤压技术的主要原理

等径通道挤压技术最早是由苏联科学家 Segal 基于他的工作发现的。他在研究钢中织构及微观组织时希望获得纯剪切变形,因此发现了这种加工技术。在 20 世纪 90 年代,Valiev 发现等径通道挤压可以加工出高性能的细晶材料。在变形过程中,等径通道挤压不会改变试样的几何尺寸,可以用来细化金属材料的微观组织,改善力学性能,在低温或高应变率下还可获得超塑性。目前,等径通道挤压已经用于铜、铁、钛及其合金的加工中,并且在加工过程中微观组织的演化得到了细致的研究。

在图 2-2 中定义了等径通道挤压模具的主要参数,同时,图中还展示了挤压前后试样几何形状的变化。等径通道挤压模具是由两个截面尺寸相同的通道以一定角度交合而成。通常,模具的内角定义为 Φ(通常在 60°~160°之间),外角定义为 Ψ。在挤压过程中,将试样(通常为棒状)放入加入润滑剂的通道中,通过压头在液压万能实验机上将试样向下挤压,直到试样通过两通道形成的交角。在这一过程中,试样在交角处经历了纯剪切变形。图 2-2 表示了内角为 90°时等径通道挤压模具的示意图,由于两通道截面几何尺寸不变,所以试样经过挤压后的截面积不发生变化。

等径通道挤压的主要特点有:①挤压后试样的截面尺寸不变,因此可以重复对试样进行挤压,累计获得更高的应变;②与其他几种晶粒细化的方法相比,等径通道挤压技术克服了位错密度不均匀、孔洞及污染等缺点。总的来说,等径通道挤压技术是一种获得内部排列均匀的细晶/超细晶材料的较为简便的方法。与传统的金属材料塑性成形方法相比,由于试样的截面几何尺寸不变,因此等径通道挤压技术需要较低的挤压力便可获得均匀的细晶组织。

Iwahashi 等认为,由于在等径通道挤压过程中试样尺寸不发生改变,那么当

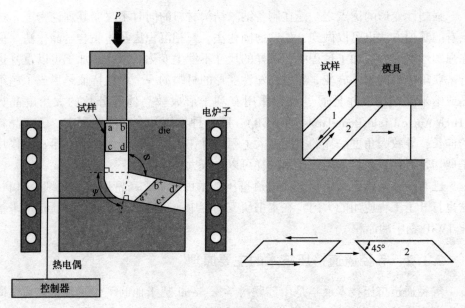

图 2-2 等径通道挤压模具示意图

材料完全填充两通道时，只有 X 面（垂直于 X 轴）发生变形。在这个坐标下，如图 2-3 所示，Y 面与 Z 面分别垂直与 Y 轴与 Z 轴。如果不考虑试样与通道内壁的摩擦力，那么，试样中的每个点在变形过程中将移动相同的距离。每个单独的单位在变形后所经历的剪切变形可以通过内角及外角表示：

$$\gamma_{YZ}=\frac{d'p}{c'p}=2\mathrm{ctg}\left(\frac{\varPhi+\varPsi}{2}\right)+\varPsi\csc\left(\frac{\varPhi+\varPsi}{2}\right) \tag{2.2}$$

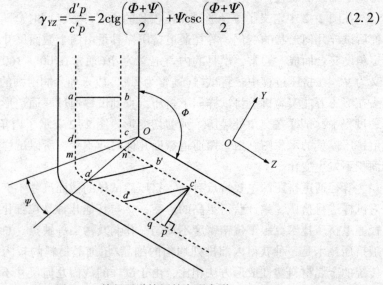

图 2-3 等径通道挤压的宏观变形

如果用等效应变来表示材料的变形程度，那么

$$\varepsilon_{eq}^{p} = \frac{1}{\sqrt{3}}\gamma_{YZ} \tag{2.3}$$

所以在经过 1 道次等径通道挤压后的等效应变可以写成

$$\varepsilon_{eq}^{p} = \frac{1}{\sqrt{3}}\left[2\operatorname{ctg}\left(\frac{\Phi+\Psi}{2}\right) + \Psi\csc\left(\frac{\Phi+\Psi}{2}\right)\right] \tag{2.4}$$

那么当试样经过 N 道次挤压后，累计的等效应变为

$$\varepsilon_{eq}^{p} = \frac{N}{\sqrt{3}}\left[2\operatorname{ctg}\left(\frac{\Phi+\Psi}{2}\right) + \Psi\csc\left(\frac{\Phi+\Psi}{2}\right)\right] \tag{2.5}$$

2.1.3 影响等径通道挤压的因素

影响等径通道挤压过程的主要因素有：挤压道次；挤压路径；挤压温度；挤压模具几何尺寸。

2.1.3.1 挤压道次的影响

等径通道挤压过程中累计的塑性变形总量将会随着挤压道次数量的增多而增大。从直观上看，晶粒细化程度也应该随之提高，但是实验结果并没有完全反映这一现象：在一定挤压道次之后，位错的增殖和湮灭达到动态平衡，位错密度达到饱和，晶粒尺度与横纵比基本上不再发生变化，如图 2-4 所示。然而，在变形过程中，由于相邻晶粒间的相互影响，晶粒之间的位向差将继续增大，如图 2-5 所示。

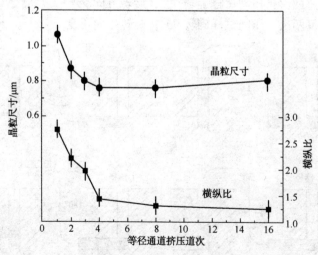

图 2-4　纯铝中不同道次挤压后晶粒尺度和横纵比的变化

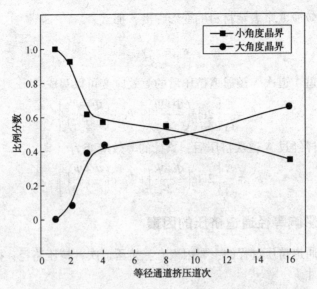

图 2-5 纯铝中小角度晶界与大角度晶界随挤压道次的变化

2.1.3.2 挤压路径的影响

挤压路径对于材料晶粒细化的程度同样有着重要的影响。根据挤压方向和每道次之间试样的旋转，等径通道挤压过程可以分为四种变形路径（图 2-6）：

A 路径：每道次之间试样不进行旋转，直接放入模具中进行下一次挤压；

C 路径：每两次挤压间试样旋转 180°；

B_A 路径：每两次挤压间试样旋转 90°，旋转方向交替；

B_C 路径：每两次挤压间试样旋转 90°，旋转方向不变。

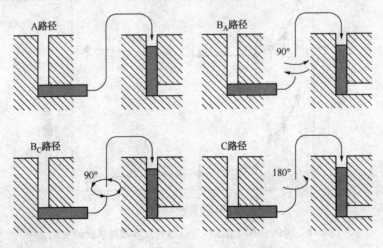

图 2-6 四种不同的挤压路径

如图 2-7 所示，不同的挤压路径将会形成不同的剪切面：在 C 路径中，每道次有着相同的剪切面，但方向不同；在 B_C 路径中，剪切面与 C 路径相似，但在每次挤压后，滑移将会抵消；在 B_A 路径中，剪切面跟前面两种完全不同，每次挤压都是不同的剪切面，剪切面之间的夹角为 120°；在 A 路径中，每一道次剪切面之间的夹角是 90°。

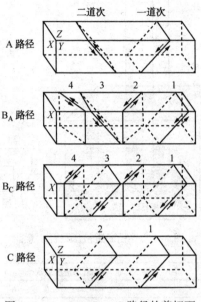

图 2-7　A、B_A、B_C、C 路径的剪切面

根据 Nakashima 的研究，相比于 A 路径，C 路径更容易获得大角度晶界，这是因为材料在挤压过程中，试样受到纯剪切力，晶粒发生重排和滑移，晶粒的晶界和亚晶界同时旋转造成的。这就导致位错密度下降并加速大角度晶界的产生。Gholinia 等则认为等径通道挤压过程中相反方向的剪切会减少应变的积累，一部分的位错将会在相互反应中湮灭，最后导致晶粒中的位错密度降低，不利于晶粒细化。因此，他们认为获得大角度晶界最好的挤压路径是 A 路径，其次是 B_A、B_C 路径，最差的是 C 路径。Furukawa 和 Miyamoto 的研究结果则表明当内角 Φ 为 90°时，B_C 路径是晶粒细化效果最理想的。

如图 2-8 所示，如果定义三个正交的平面 X、Y 和 Z（X 是横向面，垂直于挤压方向；Y 是纵向面，与管道模具的上表面平行；Z 平面与管道模具的侧面相平行），在等径通道挤压过程中，四种不同路径的挤压系统则如图 2-9 所示。从图中可以看出，宏观变形通过正方形单元表示，如 X 面、Y 面、Z 面。在图 2-9 中，可以看出 B_A 路径与 A 路径相似，而 B_C 路径则与 C 路径相似。C 路径的立方单元每 2 道次会恢复，B_C 路径需要 4 道次恢复，而 A 路径和 B_A 路径则不会再恢复。另外，还可以看出的一点是，当采用 A 路径或 C 路径进行挤压时，Y 平面并没有变形。因此，通常更优先考虑 B_C 路径和 C 路径进行挤压。而由于 B_C 对于 Y 平面施加了更大的应变，因此 B_C 路径为最佳等径通道挤压路径。

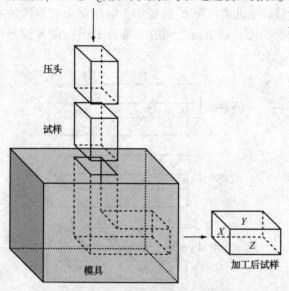

图 2-8　等径通道挤压路径示意图

路径	面	等径通道挤压道次									
		0	1	2	3	4	5	6	7	8	16
A	X										
	Z										
	Y										
B_A	X										
	Z										
	Y										
B_C	X										
	Z										
	Y										
C	X										
	Z										
	Y										

图 2-9　通过不同挤压路径在各平面单元上上引起的变形

图 2-10 表示了在内角为 $\Phi=90°$ 的模具挤压下，四种不同路径在不同正交面上的剪切面。图 2-10 中上方的线表示了 X 面、Y 面、Z 面在 1 道次挤压后的剪切面，下方图中的线则表示了用不同路径挤压 2 道次、3 道次和 4 道次后的剪切

面，不同道次的挤压剪切面表示的颜色不同。从图中可以看出，运用不同的挤压路径后剪切面的角度有非常大的不同。为了简化，剪切面的角度变化用 η 表示，不同剪切面每道次的 η 变化在表 2-1 中表示。从中可以看出，通过 C 路径挤压时，所有面的角度变化为 0，用 A 路径挤压时，X 面与 Z 面的角度变化也为 0。另外，通过 B_C 路径挤压时，角度变化最大，η 值在 4 道次挤压后 X 面、Y 面、Z 面分别为 90°、63°和 63°。之后为了得到等轴均匀晶粒组织，研究者们对这些角度变化值进行了不断验证。

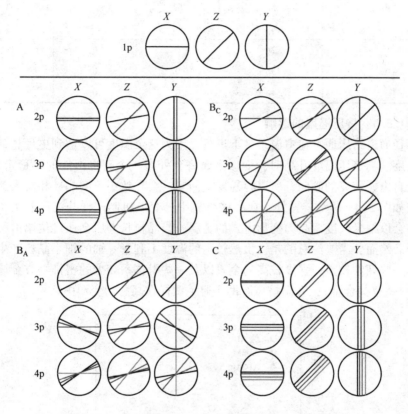

图 2-10　不同挤压路径 1~4 道次挤压后各面上的剪切面

表 2-1　不同挤压路径 1~4 道次挤压后剪切面角度的变化

等径通道挤压路径	挤压道次	角度变化 η		
		X	Y	Z
A	2p	0	27	0
	3p	0	34	0
	4p	0	37	0

续表

等径通道挤压路径	挤压道次	角度变化 η		
		X	Y	Z
B_A	2p	27	18	45
	3p	33	27	63
	4p	37	31	72
B_C	2p	27	18	45
	3p	63	18	63
	4p	90	63	63
C	2p	0	0	0
	3p	0	0	0
	4p	0	0	0

2.1.3.3 挤压温度的影响

等径通道挤压通常在室温条件下进行，因为这个温度可以达到更理想的晶粒细化程度。当挤压温度升高时，变形金属将会处在一个高自由能的不稳定状态，有向低自由能转变的倾向，所以容易发生回复，会导致小角度晶界和较大晶粒的产生，如图 2-11 所示。另外，在一些金属中，变形机制同样与温度相关，即有些本来会以纳米尺度孪晶为变形方式的金属，当晶粒长大后会通过位错滑移来进行变形。然而，需要注意的是，虽然较高的温度不利于等轴的细小晶粒产生，但是对于一些韧性较差，强度较高的金属以及一些滑移系较少的密排六方金属来说（如镁、钛及其合金），升温挤压有助于避免试样在高剪切变形中断裂。

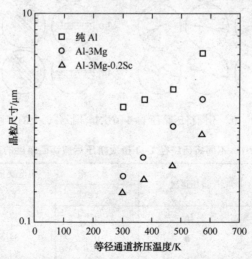

图 2-11 纯铝、Al-3%Mg 合金及 Al-3%Mg-0.2%Sc
合金在不同挤压温度下的晶粒尺寸

第一个研究温度对于等径通道挤压影响的是关于纯铝、Al-3%Mg合金和Al-3%Mg-0.2%Sc的实验,挤压温度从室温上升至573K。为了能够准确测量温度在±5K的变化,将模具进行了一定程度的改装,使得热电偶能够通过小孔测量到通道里5mm附近的温度。经过1h模具达到指定温度,每次挤压试样需10min来达到稳定温度。因此,每次挤压将两个单独的试样放入模具,当第一个挤压时,将第二个试样放在模具上加热10min再放入模具中挤压,以此来保证所用试样加热到响应温度。

这些研究的结果揭示了两个重要的结论。第一,从图2-11和图2-12中可以看出,随着挤压温度的上升,平衡晶粒尺寸也呈上升趋势;第二,通过选区电子衍射分析,随着温度的上升,小角度晶界的比例也有所增加,也就是说由于高温度引起的回复率上升导致晶内位错湮灭增多,而亚晶界吸收的位错减少。然而,不同的材料有时也会呈现不同的趋势,例如对于473K下挤压的纯铝和573K下积压的Al-3%Mg合金,挤压过程中大部分的小角度晶界发生转变,另外,在Al-3%Mg-0.2%Sc合金中没有形成小角度晶界的排列。

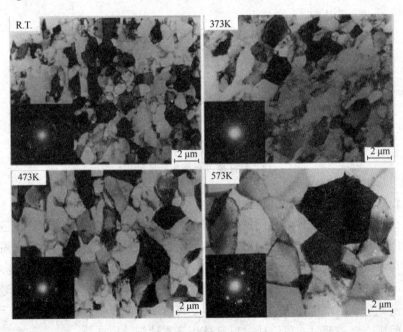

图2-12 经不同温度等径通道挤压后纯铝的TEM图片

在之后的一些研究中,通过菊池带进行分析,大晶粒或亚晶粒的形成趋势得到进一步证实,大角度晶界的比例在低温挤压时更易形成。对于纯钛的挤压,已经证明当挤压温度从473K增加到523K时,变形机制由平行剪切带变为形变孪晶。通过以上的研究表明,虽然在高温条件下易于对试样进行挤压,但理想的超细晶微观组织还是应该在尽可能低且不引起试样开裂的温度下进行挤压,这样的话,才可以保证最小的等轴晶粒组织与尽可能多的大角度晶界。

2.1.3.4 挤压速度的影响

等径通道挤压通常是通过较高速度的液压万能实验机完成的。一般来说,挤压速度通常在1~20mm/s。然而,万能实验机仍然可以实现相当大范围速度的等径通道挤压。

一系列实验表明等径通道挤压速度对于晶粒细化没有影响,如图2-13所示为挤压速度对屈服强度的影响。然而,当挤压温度上升时,如果挤压速度较低,回复时间就会变长,位错更容易被晶界所吸收,会产生较大的等轴晶粒组织。

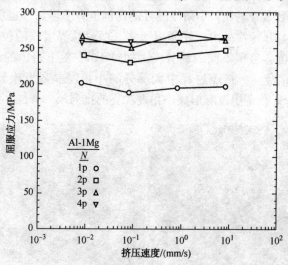

图2-13 挤压速度对屈服强度的影响

2.1.3.5 挤压模具的几何尺寸

在挤压过程中,模具的几何尺寸同样是影响晶粒细化的重要因素。普遍认为模具的内角和外角是几何尺寸中最重要的两个系数。从宏观变形的角度来看,模具几何尺寸改变将使试样经历不同的等效应变,如式(2.5)。从微观角度来看,模具几何尺寸的改变会使剪切面发生变化,对于塑性变形过程中滑移系的激活有直接影响。对于内角与外角的选择可以改变每道次挤压所施加的剪切应变。当每道次的剪切应变较低时,可以通过反复挤压来累计等效应变。

通道的内角Φ,是几何尺寸中最重要的因素,相比于外角ψ,内角对于变形有着更重要的作用,如图2-14所示。当然,在内角Φ减小的时候,外角Ψ的作用变得更加重要。原则上,根据式(2.5),等径通道挤压模具的内角设计在60°~160°,内角Φ越小,每道次所施加的力与剪切应变越大,同时也越需要材料的韧性,最常使用的内角Φ为90°与120°。

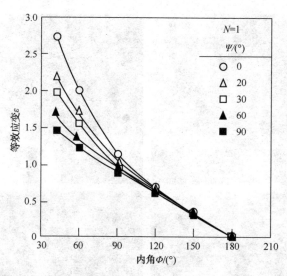

图 2-14　ECAP 所施加的等效应变随内角 Φ 的变化(1 道次)

另外，Φ 对于等径挤压后的微观组织有直接的影响。Nakashima 等选择了四种从 90°~157.5°的内角组合，如图 2-15 所示，图中还给出了相应的外角 ψ，实验选择 B_C 路径进行挤压。为了比较，挤压道次使得每种内外角组合有基本相同的真实剪切应变，约为 4，因此，根据式(2.5)，对于内角为 90°、112.5°、135°和 157.5°的模具为了达到 4.22、4.27、4.21 和 4.33 的真实应变，需要挤压的道次分别为 4、6、9 和 19。图 2-16 表示了通过选区电子衍射得到的 12.3μm 范围内的微观组织。从中可以看出，超细等轴晶更容易通过 90°的模具得到，此外，衍射环还表示经 90°模具挤压所得到的微观晶界有更大的取向差。相比之下，当内角增大时，微观组织变得不够规律，晶界中也有更多的小角度晶界产生。

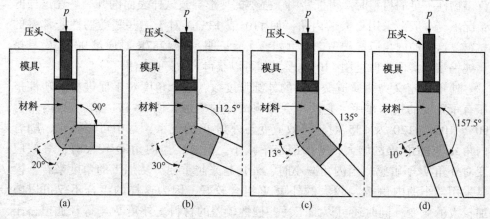

图 2-15　不同内外角组合的等径通道挤压模具

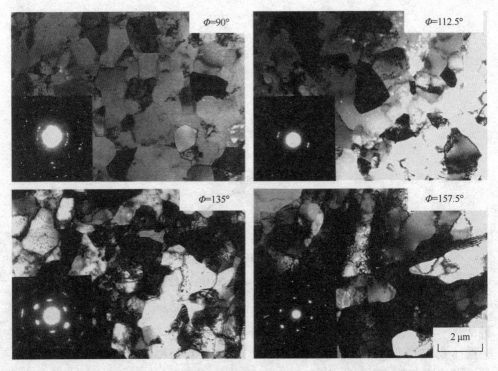

图2-16 通过图2-15中不同模具挤压得到的真实应变为4时的微观组织

通过以上的实验可以看出，为了得到更均匀的等轴晶粒组织，以及大角度晶界，试样需要尽量在每道次经历更强的塑性变形。虽然累计等效应变可以通过重复挤压得到，但是晶粒细化效果却是不同的。

虽然90°的模具是通过等径通道挤压超细晶时最常用的内角角度，但当挤压许多韧性不足的材料时，可能会由于强烈的变形导致试样表面的开裂。在这样的情况下，一般会采用更大的内角，如110°或135°。对于一些塑性韧性非常差的材料，这样的内角应优先考虑。例如，实验证明，在1237K时通过90°的模具挤压纯钨难以实现，但是用110°的模具却可以获得非常好的结果。

外角ψ定义为两通道交叉处的外圆弧度数，这个角度对于促进材料塑性挤压有很重要的技术作用，它同样会影响试样的变形。图2-17总结了当内角为90°、105°、120°及135°时，等效应变与外角ψ的关系，从中可以看出，随着内角Φ与外角ψ的增大，变形都趋于减小。但是，当内角Φ较大时，等效应变对外角ψ不敏感，当内角减小时，外角越来越重要。从加工的角度来看，模具采用较小的内角Φ与较大的外角ψ组合较好，因为这样的组合不仅可以施加较大的应变，同时还可以加工一些韧性较差的材料。外角ψ与等径通道挤压过程中的摩擦也有关系，如图2-18所示。Segal提出了一个简单的模型来描述挤压过程。在模型中，通过简单剪切来描述变形，并且变形仅发生在两通道交叉处很狭窄的区域，且假设两通道内没有摩擦(虽然实际情况中两通道内的摩擦情况并不相同)。流动线在转角处可以简化为非常圆滑的模型，并且可以用简单剪切来进行解释。滑移线的面积包括一个扇形区和一个围绕圆心的刚性旋转，由圆弧隔开，如图 2-18 所示。此外，局部区域的线性张力和压缩可能出现在拐角处。自由表面的扩展取决于边界上的压缩力，这些压力可能消失在 90°时，第二通道中存在明显的摩擦力或压力。然而，如果材料表现出应变硬化，情况可能会有所不同。

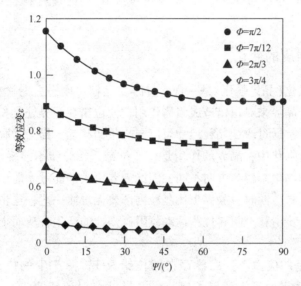

图 2-17 等效应变与外角 $\varPsi$ 之间的关系

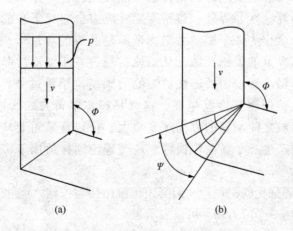

图 2-18 等径通道挤压过程中滑移线的区域

2.2 力学性能的改变

同传统的粗晶材料相比，细晶材料表现出较高的屈服强度，虽然其应变硬化、塑性与应变率敏感性会有所降低。总的来说，这是因为在细晶材料中晶界密度较高，晶界阻碍了位错的运动导致材料强度升高。另外，晶粒越细，路径越曲折，裂纹越容易扩展。因此，晶粒细化一直是材料提高强度有效的方法。

2.2.1 强度的变化

霍尔佩奇强化(晶界强化)是一种通过改变晶粒尺度来提高材料强度的方法。这种强化是通过晶界来对位错造成阻碍作用，使位错在晶界处堆积，最后提高强度的办法。所以，通过改变晶粒尺寸可以影响位错移动，提高屈服强度。

在霍尔佩奇强化中，晶界的作用是钉扎位错，使位错不能轻松移动与传播。由于相邻晶粒的晶格结构与方向不同，因此需要更大的能量才能使位错改变滑移方向进入相邻晶粒。同时，晶界也比晶粒内部要无规律一些，这也会阻止位错在滑移面上的进一步滑移。阻碍位错运动将阻碍塑性的产生，从而提高材料的屈服强度。

在施加一定的应力下，已经存在的位错及 FR 源产生的位错将移动过晶格遇到晶界，晶界处有大量原子错排，这样就会对位错产生一个背应力来阻碍位错的继续运动。当更多的位错传播至晶界处时，位错就会堆积形成位错束，不能跨越晶界。在晶界处，位错产生背应力会对接下来的位错产生排斥力。这个排斥力会作为一个驱动力来降低跨越晶界的能量势垒，这样，额外的堆积会导致晶界上的位错扩散，从而使材料进一步变形。晶粒尺寸降低后减少了堆积的位错，所以需要施加更大的力来使位错跨过晶界。使位错移动所需要的力越大，屈服强度就越高，这就是霍尔佩奇公式所描述的。然而，如果两个相邻晶粒之间滑移的方向改变很大，位错就不需要从这个晶粒移动到另一个，而是产生一个新的位错源。这个理论同样适用于多晶粒所含有更多晶界的情况。

为了理解晶界强化的机理，我们必须理解位错与位错之间相互作用的本质。位错会对周围产生一个应力场，可以表示为

$$\sigma \propto \frac{Gb}{r} \tag{2.6}$$

式中 G——材料的剪切模量；

b——博格矢量；

r——位错之间的距离。

如果位错之间是右对齐的，那么它们产生的局部应力场相互排斥。这有助于沿着晶粒和晶界的位错运动。因此，晶粒中位错越多，晶界附近位错的应力场越大：

$$\tau_{felt} = \tau_{applied} + n_{dislocation}\tau_{dislocation} \tag{2.7}$$

式中 τ——应力场；

n——位错数。

屈服应力和晶粒尺寸的数学描述式的 Hall-Petch 关系[式(2.1)]，在式中，σ_y 是屈服应力，σ_0 是材料的一个常数，是位错移动的起始应力(或晶格电阻对位错运动的影响)，k_y 是硬化系数(对每种材料不同)，d 是晶粒尺寸。目前已经有许多实验通过等径通道挤压来证明霍尔佩奇公式，例如，对于传统低碳钢，晶粒从 $30\mu m$ 减小到 $0.2\mu m$，并且在挤压后，屈服强度从 307MPa 提升到 900MPa，抗拉强度从 450MPa 提升到 941MPa。对于纯铝，压缩屈服强度也会增加到 150MPa。

2.2.2 疲劳寿命的变化

在材料科学中，疲劳是通过反复施加负荷引起材料的弱化。当材料承受循环载荷时，会发生渐进性和局部性的结构损伤。引起这种损伤的最大应力值可能比材料的抗拉极限强度或屈服强度要小很多。

在之前的研究中，通过等径通道挤压，材料的疲劳寿命也会得到提高，例如对于铝，以及钛。在对钛的研究中，超细晶状态下($0.3\mu m$)相比与退火粗晶状态($35\mu m$)下，疲劳极限从 238MPa 提高到 380MPa。

2.2.3 应变硬化率的变化

基本上所有的研究结果都表明，相比于传统粗晶材料，超细晶材料的应变硬化阶段近似的表现为"弹性-理想塑性"变形行为，如图 2-19 所示。总的来说，这种变形行为与材料中高位错密度有关。实验表明在强塑性变形后，超细晶材料中的位错密度可以达到 $10^{15} m^{-2}$，比传统的热轧、冷轧及其他塑性变形方法所得到的要高很多。由于位错密度很高，超细晶材料中的动态回复率相比于粗晶材料要高很多，很容易达到位错增殖与湮灭的平衡。在这样的情况下，应变硬化能力基本丧失，这也就导致了拉伸实验中材料塑性的降低。

2.2.4 塑性的变化

当晶粒细化至纳米尺度时，强度大幅升高而延伸率却呈降低趋势。Koch 等

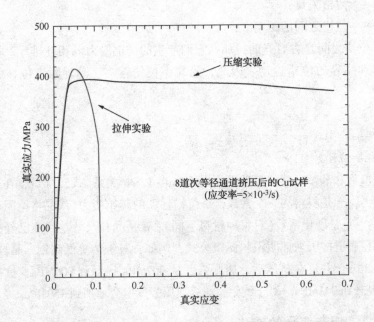

图 2-19 典型超细晶材料中拉伸压缩真实应力应变曲线

认为影响韧性的主要原因是：在加工过程中形成微孔和小裂纹等缺陷，以获得细粒材料、拉伸不稳定性、裂纹形核或剪切不稳定性。对于由 SPD 制备的块状超细晶材料，在加工过程中引入的缺陷数量相对较低，因此获得超细晶材料的对塑性的影响相对较小。

通常，塑性拉伸失稳条件可以表示为

$$\left(\frac{\partial \sigma}{\partial \varepsilon}\right)_{\dot{\varepsilon}} \leqslant \sigma \tag{2.8}$$

这个公式表示了在单轴拉伸情况下，材料的塑韧性与其应变硬化率相关。当应变硬化率低于相应的真实应力时，将会发生拉伸失稳，紧接着就会出现"颈缩现象"，引起材料断裂。通过强塑性变形制备的超细晶材料具有很高的位错密度，近于饱和，使材料应变硬化能力急剧降低，几乎丧失。因此，在拉伸实验中，材料对非均匀变形更敏感，韧性与粗晶材料相比显著降低。但是在 2002 年，Wang 等报道了通过冷轧和短时退火来获得具有双峰晶粒结构铜的方法，经过力学性能测试，如图 2-20 所示，这种材料韧性也有很大提高：在室温下，延伸率可以达到 65%（曲线 E），这与粗晶铜的延伸率（曲线 A）相差无几。并且，双峰晶粒结构铜的强度也只比粗晶铜略低。这个发现打破了人们对于强度与塑性不可兼得的认识。因此，许多研究也开始关注超细晶材料的增韧。

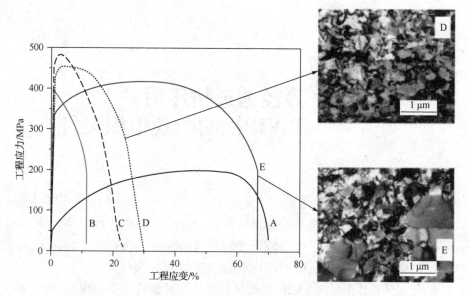

图 2-20 双峰晶粒结构铜的拉伸应力应变曲线
A—退火粗晶；B—室温下冷轧 95%；C—液氮温度下冷轧 93%；
D—室温冷轧后 180℃下退火 3min；E—室温冷轧后 2000℃下退火 3min

第3章 等径通道挤压后TWIP钢的微观组织表征

本书主要研究了通过等径通道挤压对 Fe-Mn-Al-Si 系列 TWIP 钢进行晶粒细化的过程。本章主要内容包括铸造 TWIP 钢的方法、热处理工序的特点、对 ECAP 模具的描述和超细晶粒 TWIP 钢微观结构特征的表征。

首先，本书基于对于 TWIP 钢成分的设计和材料的加工。根据 Mn、Al、Si 和 C 的不同含量，确定了控制奥氏体稳定的主要元素及其变形机制。在铸造和轧制工艺之后，确定了 TWIP 钢实际的化学组成。接下来，将材料切割成具有特定尺寸的 ECAP 样品，并对其进行均匀化退火，对试样进行不同道次的等径通道挤压。由于 TWIP 钢具有较高的强度，因此等径通道挤压是在高温下进行（本研究也完成了 1 道次的室温挤压）。对不同 ECAP 条件下的钢种进行了显微组织表征。

3.1 实验用 TWIP 钢

TWIP 钢通常由 Mn、C、Al 和 Si 元素组成。最初，用的是两个不同的合金化的概念，一个基于 Fe-Mn-C 系列，另一个是基于 Fe-Mn-Al-Si 系列。为了确保所设计的合金是 TWIP 钢，主要保证两点：①该钢在室温下具有奥氏体组织；②根据式(1.2)计算 SFE 要在 $15\sim40\mathrm{mJ/m^2}$ 之间。

本书所用 TWIP 钢是在巴西 Belo Horizonte 的 Minas Gerais 联邦大学材料工程与冶金系铸造，由 Dagoberto B. Santos 教授提供，接收时热轧为 15mm 厚的钢板。TWIP 钢的实际化学组成见表 3-1，数据由位于西班牙 Manresa 的 CTM 研究中心电火花测试提供。

表 3-1 TWIP 钢的化学组成　　　　　　%

化学元素	Fe	Mn	Si	Al	C
质量分数	Bal.	20.1	1.23	1.72	0.5

根据 2.1.2.3 节中描述的堆垛层错能计算模型，对本书所用的 TWIP 钢进行堆垛层错能计算值为 27.3mJ/m²。根据之前的研究，常规处理不会引起钢的相变，并且孪晶是主要的变形机制。

从热轧 TWIP 钢板中切取 60mm 长，8mm 直径的圆棒状试样，试样尺寸与实物图如图 3-1 所示。

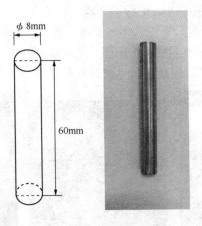

图 3-1 等径通道挤压试样

在切取完试样后，对所有试样进行热处理，以使微观组织均匀化，均匀化退火通过管式加热炉进行，如图 3-2 所示。管式加热炉由三部分组成，加热炉是加热的主要部件，它包括程序设定部分，可自动加热，氧化铝管维护样品，氩气系统提供保护气体。所有试样在 1200℃ 及氩气保护下下保温 60min，并水冷至室温。

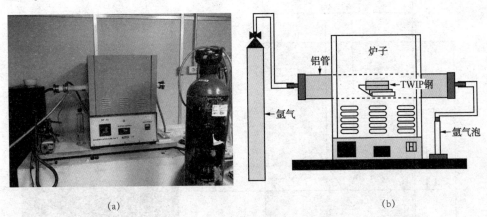

(a)　　　　　　　　　　　　　(b)

图 3-2 管式加热炉

3.2 等径通道挤压过程

3.2.1 等径通道挤压系统

等径通道挤压系统是由 10t 的液压万能实验机与等径通道挤压模具及加热炉组成，如图 3-3 所示。模具有内嵌体与支撑体组成，内嵌体是对分式的，由两部分组成，如图 3-4 所示，包括等径通道，内角 $\varPhi=90°$，外角 $\varPsi=37°$，通道的横截面为直径 8mm 的圆形。因此，每道次挤压所施加的真实应变 $\varepsilon\approx1$。

图 3-3 等径通道挤压系统

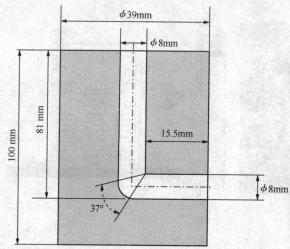 

图 3-4 等径通道挤压模具内嵌体尺寸与实物图

3.2.2 等径通道挤压条件

3.2.2.1 挤压路径

在 2.1.3.2 节中解释了等径通道挤压过程不同的挤压路径，其中，B_C 路径（两次相邻挤压将试样旋转 90°，并且方向不变）被许多研究者证明更容易对面心立方金属来实现晶粒细化，因此实验采用 B_C 路径来对 TWIP 钢进行晶粒细化。

3.2.2.2 挤压速度

本实验等径通道挤压速度通过附在液压实验机上的速度控制器来监测(图 3-5)，并用二硫化钼作为润滑剂，挤压速度为 0.002m/s，相应的应变率为 $3.3×10^{-2}s^{-1}$。

图 3-5 速度监控器

3.2.2.3 挤压温度与挤压道次

理想情况下，等径通道挤压应该在室温条件下进行。但是，对于一些强度较高的金属，升高温度可以使挤压过程进行的更加顺利。事实上，Bagherpour 等曾通过内角 $\Phi=120°$ 的模具在室温条件下对 TWIP 钢进行等径通道挤压，但却引起试样表面的开裂。另外，Timokhina 也发现在 400℃ 下可以完成对 TWIP 钢的 4 道次挤压。

在实验中，所选择的挤压温度为 300℃，较之前的研究略低。最大挤压道次为 4 道次，同时，对 1 道次及 2 道次试样也进行了表征。另外，为了探究室温条件下等径通道挤压的微观组织与力学性能，我们也进行了室温条件下一道次的挤压。

3.3 微观组织表征技术

用于微观组织表征的技术手段有金相显微镜、电子背散射衍射技术、透射电子显微镜技术。

3.3.1 金相显微镜

金相学是以光学显微和体视显微为代表的材料科学的一个分支，它对金属材料的微观结构进行分析和表征。它不仅考虑了定性和定量成像对显微结构的评价，而且还考虑了所需样品的制备。主要反映晶粒大小和分布，以及一些非金属夹杂物或晶体缺陷。

本研究中所用金相显微镜为 Olympus GX51，如图 3-6 所示。运用金相显微镜对 TWIP 钢在热轧、均匀化退火、等径通道挤压状态下进行了表征。

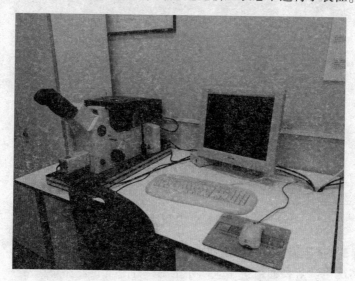

图 3-6　Olympus GX51 金相显微镜

在金相显微镜观察前，通过磨光、抛光和腐蚀步骤进行样品的制备。分别采用 600#、800#、1200#和 2500#水磨砂纸进行磨光，然后用 6μm、3μm 和 1μm 的金刚石颗粒悬浮液对试样进行抛光，直至光学显微镜下表面无划痕。之后，用 5%硝酸(含 5%的硝酸在乙醇中稀释的溶液)对样品进行腐蚀，以揭示其微观结构。然后将样品用水冲洗并烘干。最后，样品通过光学显微镜观察。

3.3.2 电子背散射衍射技术

自 20 世纪 90 年代以来，随着扫描电子显微镜中电子背散射装置的发展，电子背散射图样(Electron Back-Scattering Patterns, EBSP)在表征晶体取向和晶体结构方面取得了巨大的进步。它是一种广泛应用于材料微观结构和微观结构表征的微分析技术,这种技术被称为电子背散射衍射(Electron Backscattered Diffraction, EBSD,取向成像显微镜或OIM,即取向成像技术)。

如今,计算机分析可以完成扫描样本和数据的自动采集,这使得EBSD程序可以在较短的时间内被处理。从采集到的数据可以得到晶粒位向图、极图和反极图以及位向分布函数,所以在很短的时间内,可以从样品内获得大量的信息。在Channel 5软件中有三个不同的模块:Tango、Mambo和Salsa,这些不同的模块有不同的功能,其中Tango主要用于晶粒图的描绘(包括反极图纹图和晶界图等),Mambo主要用于极图和反极图的描绘,Salsa则用于位向分布函数的描绘。

图3-7为EBSD技术中样品制备示意图。将制备的EBSD样品放置在扫描电镜室,并将入射电子束以一个小角度扫描样品表面(通常为30°,图3-8),这个角度是用来提高背散射电子的分数。背散射电子逸出样品表面,由位于探测器设备的荧光屏处产生衍射电子图案(EBSP),称为菊池带,菊池带直接与区域中所分析的晶格结构相关。通过EBSD技术所得图样是通过对所研究试样表面晶粒位向进行单点扫描得到的,如图3-9所示。

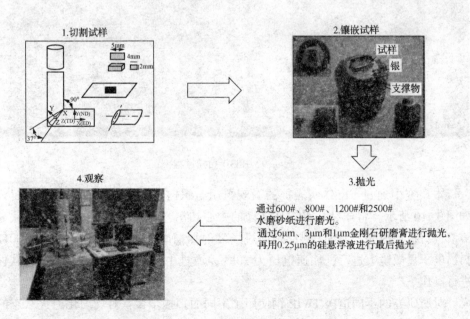

图3-7　EBSD试样制备

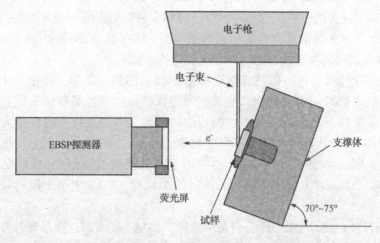

图 3-8　将试样放入扫描电镜样品室示意图

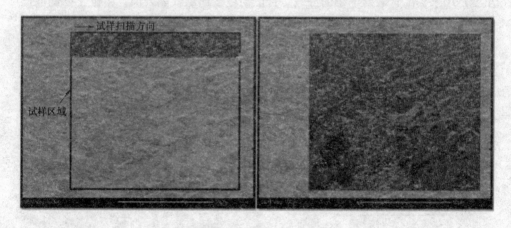

图 3-9　EBSD 扫描过程

本研究中通过 EBSD 所表征的微观组织与织构是在横向平面上(XY 平面)，如图 3-10 所示。将样品从 ECAP 试样的中心切出，用 0.02μm 的悬浮二氧化硅溶液进行机械抛光。EBSD 测量是通过场发射扫描电子显微镜 JEOL JSM-7001F 扫描电子显微镜上进行，加速电压为 20kV，通过牛津仪器 HKL-Channel 5 软件进行操作。

对所研究的不同道次 TWIP 钢使用了不同的扫描步长：对均匀化退火状态的 TWIP 钢使用 3μm 的扫描步长，1 道次挤压后试样使用 0.2μm 的扫描步长(室温挤压的 1 道次试样使用 0.8μm 的扫描步长)，2 道次挤压后试样使用 0.05μm 的扫描步长，4 道次挤压后试样使用 0.03μm 的扫描步长。

本研究中所用位向颜色表征是标准反极图(IPF)三角形：晶粒位向为<100>、<110>、<111>方向分别对应红色、绿色和蓝色。

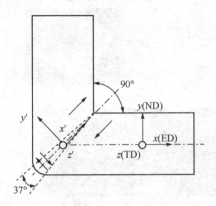

图3-10 模具结构和用于研究相应的坐标系统

3.3.3 透射电子显微镜

为了观察位错的结构和形态，以及孪晶、晶界和TWIP钢ECAP变形后的特点，本书的研究工作采用了Philips C2100透射电子显微镜(Transmission Electron Microscope, TEM)对试样进行观察，加速电压为200kV。TEM的主要部分是电子枪，它发射一个电子束，沿着真空通道的光轴通过冷凝器。这束光束会聚成一束尖锐而明亮的光束，可以穿透样品。透射电子含有样品的信息，所以在厚度较薄的样品中，更多的电子能通过它。通过会聚透镜和聚焦初级放大，电子束进入中间透镜和第一、第二投影变焦透镜用于集成成像。最终，电子图像放大到屏幕面板的观察。

由于电子的德布罗意波长非常短，透射电子显微镜的分辨率比光学显微镜高很多，可以达到0.1~0.2nm，放大倍数为几万~百万倍。因此，使用透射电子显微镜可以用于观察样品的精细结构，甚至可以用于观察仅仅一列原子的结构，比光学显微镜所能够观察到的最小结构小数万倍。

透射电镜的样品制备过程如下：首先切割出厚度为0.3~0.5mm的试样，通过手动机械减薄至40μm厚。接着冲出直径为3mm的圆形试样，进一步减薄至30μm厚。最后，通过离子双喷直到试样中间出现小孔为止，如图3-11所示。离子双喷过程中所用反应液为95%冰醋酸与5%高氯酸混合溶液。

选取电子衍射标定是通过Digital Micrograph软件完成的，如图3-12所示。软件可以自动给出晶带轴和每个衍射点所对应的晶面。

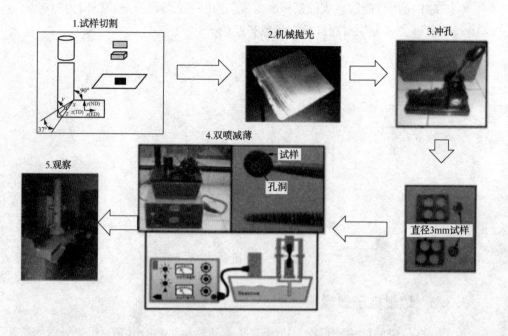

图 3-11 透射电镜样品制备过程

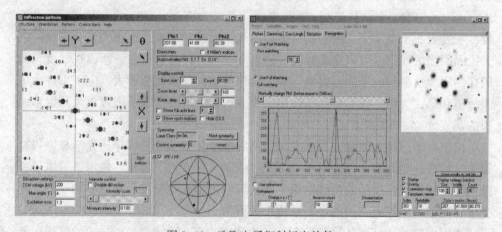

图 3-12 选取电子衍射标定软件

3.4 微观组织表征技术

本节还主要讨论等径通道挤压前后 TWIP 钢微观组织的演化。微观组织表征主要通过金相显微镜、电子背散射衍射技术、透射电子显微镜技术等来完成。

3.4.1 等径通道挤压前的微观组织表征

3.4.1.1 热轧后的微观组织

热轧通常被用来减小板坯的尺寸。此外，材料的再加热和随后的变形有助于成分的均匀化（高锰钢在铸态下通常偏析程度较高）。在高温下的变形也有效"焊接"或关闭缩孔，产生一个整体的更均匀的微观结构，这对于力学性能更加有益。

图 3-13 为 TWIP 钢在热轧工艺后的微观组织，箭头方向为轧制方向。总体来说，微观组织呈不均匀性，大晶粒朝向轧制方向，周围被许多再结晶的细小晶粒包围。

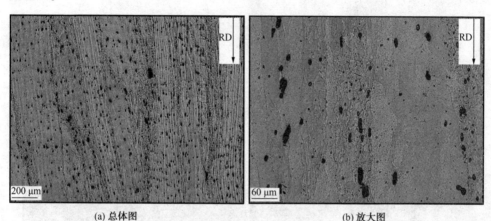

(a) 总体图　　　　　　　　　　(b) 放大图

图 3-13　TWIP 钢热轧后的微观组织

3.4.1.2 均匀化退火后的微观组织

在上一节中看到，铸造和热轧之后，TWIP 钢的显微组织是非常不均匀的。为了使这个组织均匀化，方便之后的等径通道挤压，我们对 TWIP 钢进行了均匀化退火。选定的均匀化条件是将钢加热到 1200℃，保温 1h。

图 3-14 是均匀化退火后 TWIP 钢的金相显微照片，图 3-15 给出了更详细的 EBSD 信息。从图 3-14 及图 3-15(a)～图 3-15(c)中可以看出，微观组织中晶粒是相当均匀的。经过 EBSD 计算，当考虑孪晶界时，平均晶粒尺寸为 69.2μm，不考虑孪晶界时，为 99μm。在 EBSD 中，不同界面，即晶界、亚晶界、与孪晶界，是根据位向差来确定的。在本研究中，晶界是这样定义的：位向差大于 15° 的界面为晶面；亚晶界为小角度晶界，位向差小于 15°；孪晶界有着特殊的位向差，即对<111>位向差为 60°。在 EBSD 中，通过界面颜色来区分不同类别的界面：晶界对应于黑色线，亚晶界对应于绿色线，孪晶界对应于白色线。在均匀化退火处理后，TWIP 钢内晶粒组织呈等轴状态，基本没有亚晶粒产生，孪晶界比较明显。这些孪晶界与热处理有关，被认为是退火孪晶。退火孪晶很容易识别，

因为它们在微观结构中表现为直线,而且由于它们的堆叠顺序特征,常常出现成对的平行线。图 3-15(d)为热处理条件下 TWIP 钢晶粒面积分布,可以注意到虽然晶粒组成的大小不同,但大多数晶粒尺寸水平类似。

图 3-14 均匀化退火状态下 TWIP 钢的金相显微图片

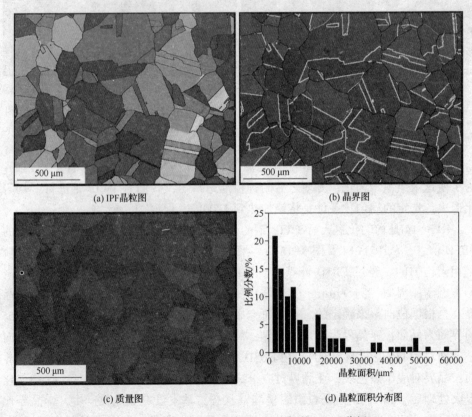

图 3-15 均匀化退火状态下 TWIP 钢的 EBSD 分析

对退火材料的 TEM 明场图像如图 3-16 所示。可以观察到较长的直线位错,它们之间的相互缠结很少,导致初始位错密度很低。

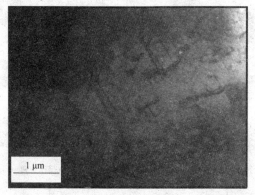

图 3-16 均匀化退火状态下 TWIP 钢的 TEM 明场图像

3.4.2 室温条件下等径通道挤压后 TWIP 钢的微观组织

之前,关于在室温条件下对 TWIP 钢进行等径通道挤压的报道很少,只有 Bagherpour 等通过内角为 120°、外角为 45° 的模具对 TWIP 钢进行了应变率为 $0.07s^{-1}$ 及 $0.035s^{-1}$ 室温条件下的等径通道挤压。在实验中,每道次可施加的真实应变为 0.61,但 1 道次挤压后,试样表面出现了大量裂痕,如图 3-17 和图 3-18 所示。Bagherpour 认为应力集中是引起开裂的原因,他还通过金相显微镜观察了室温挤压后试样的微观组织,如图 3-19 所示。显微照片得到的截面垂直于挤压方向的挤压 1 道次后,图 3-19(a) 和图 3-19(b) 中所示的应变速率为 $0.07s^{-1}$,图 3-19(c) 和图 3-19(d) 的应变速率为 $0.035s^{-1}$。显微图像显示区域的显微组织由近乎等轴的孪晶颗粒组成。然而在两段之间的区域,流动局部化导致梯度结构的存在,如图 3-19(b) 和图 3-19(d) 所示。

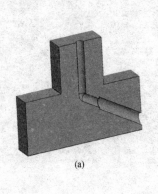
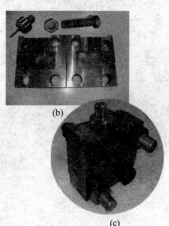

图 3-17 Bagherpour 实验中所用等径通道挤压模具

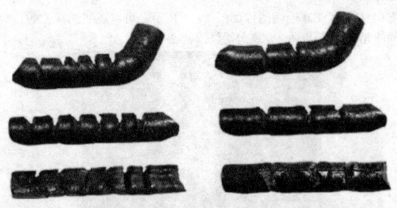

(a) 挤压速度=0.2mm/s　　　　　　(b) 挤压速度=0.1mm/s

图 3-18　下挤压 1 道次后引起的试样开裂

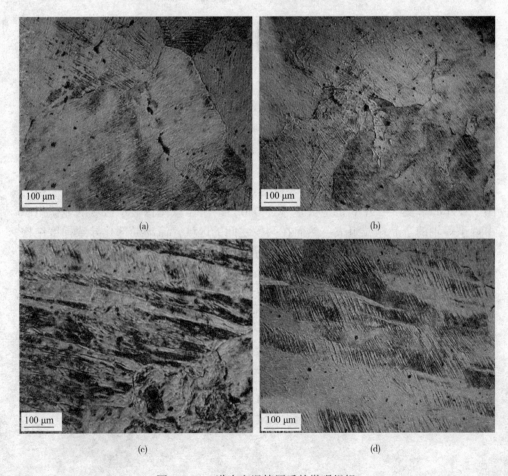

图 3-19　1 道次室温挤压后的微观组织

考虑到之前的研究及 TWIP 钢较高的强度，可以预见在室温下对 TWIP 钢进行等径通道挤压是非常困难的。为了尽可能探究室温条件下 TWIP 刚等径通道挤压后的微观组织与力学性能，研究中尝试了室温条件下的 1 道次挤压，本节主要阐述微观组织的变化。

室温条件下经 1 道次挤压后，微观组织非常不均匀，在试样中的一些区域中出现形变孪晶，另一些区域出现了非常细小的晶粒，如图 3-20(a)所示。事实上，所有形变孪晶均出现在同一方向[这点从晶界图中也可以看出，图 3-21(a)]。形变孪晶的方向与原始晶粒的方向相关，这就说明了图中这些孪晶都是从同一个原始晶粒里面形成的。图 3-20(b)表示了孪晶的一些细节。在 1 道次室

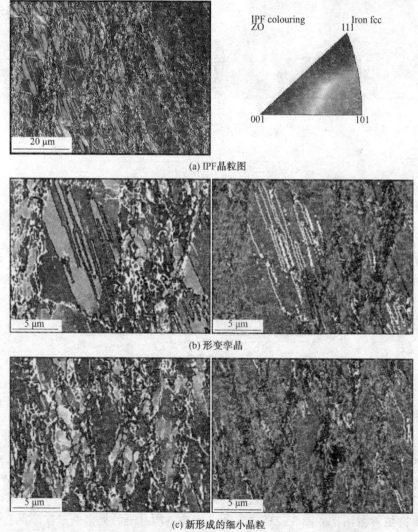

(a) IPF晶粒图

(b) 形变孪晶

(c) 新形成的细小晶粒

图 3-20　室温条件下经 1 道次挤压后 TWIP 钢的微观组织

59

温挤压后,所形成的新细小晶粒分数要多于 300℃下 1 道次挤压试样(将在下节讨论)。从图 3-20(c)和图 3-21(a)中可以看出,细小晶粒周围总是有很多小角度晶界,说明这些细小晶粒是由之前的亚晶粒转化而来。通过晶界图 3-21(a)和质量图 3-21(b)的比较可以看出本次实验的 EBSD 扫描覆盖率是可以信任的。室温条件下经 1 道次挤压后的晶粒尺寸分布如图 3-22 所示。

图 3-21 室温条件下经 1 道次挤压后的 TWIP 钢

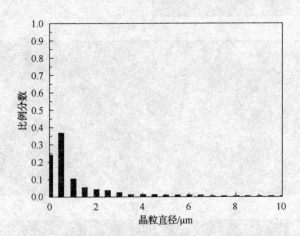

图 3-22 室温条件下经 1 道次挤压后 TWIP 钢的晶粒尺寸分布

室温条件下经一道次挤压后 TWIP 钢的透射电镜图片如图 3-23 所示。总体来看,一次孪晶在试样中的一些区域形成孪晶束,如图 3-23(a)所示。另外,在一些晶粒中,不同的二次孪晶具有不同的方向,如图 3-23(b)~图 3-23(e)所示。Babier 曾经描述过三种不同类型的二次孪晶:①两个孪晶系统依次激活,如图 3-23(b)所示;②两个孪晶系统同时激活,如图 3-23(c)所示;③两个孪晶系统在不同位置激活,如图 3-23(e)所示。因此,所有三种类型的二次孪晶在室温条件下经 1 道次挤压后 TWIP 钢试样中均可以找到。

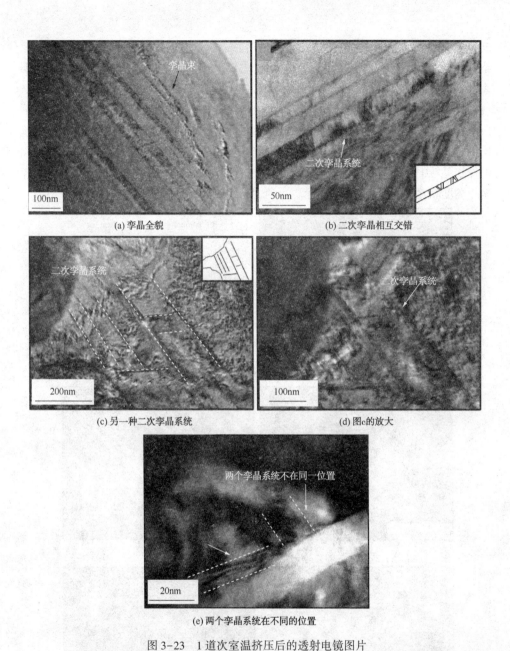

图 3-23 1 道次室温挤压后的透射电镜图片

3.4.3 高温条件下等径通道挤压后 TWIP 钢的微观组织

对于所研究的 TWIP 钢,本实验成功完成了 4 道次 300℃ 的恒温等径通道挤压,图 3-24~图 3-26 展示了相应的微观组织表征结果。

1 道次挤压后 IPF 晶粒图全貌如图 3-24(a) 所示。可以看出,大晶粒延剪切方向伸长，并且周围伴随有很多非常细小的等轴晶，这些新生成的小晶粒主要也是围绕这大晶粒。另外，孪晶也是主要的变形方式。许多图3-24(a)中特定区域的详细表征在图3-24(b)~图3-24(d)中表示，相应的晶界图则在其右侧表示。图3-24(b)中，孪晶放大图中可以看出，在大的伸长晶粒中，有相当多的形变孪晶。在第1道次的挤压中，有一些细小的新晶粒产生，如图3-24(c)所示。虽然这些新晶粒所占的比例不高，但他们的晶粒尺寸却已经小于5μm。这些细小的晶粒通常在两个大的伸长晶粒中间产生。1道次挤压试样的另外一个特征是在一些大晶粒内部形成了许多小角度晶界，如图3-24(d)所示。小角度晶界甚至占到了所有晶界的59.5%。

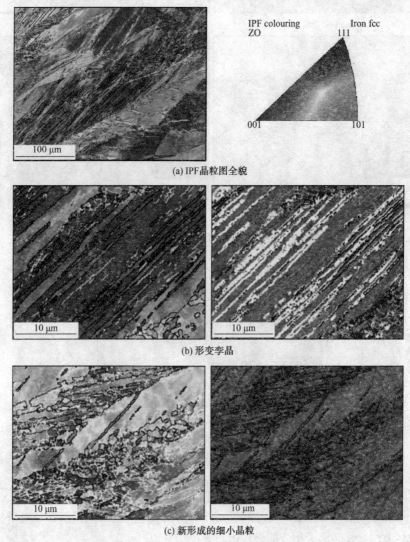

(a) IPF晶粒图全貌

(b) 形变孪晶

(c) 新形成的细小晶粒

图3-24　1道次试样的微观组织

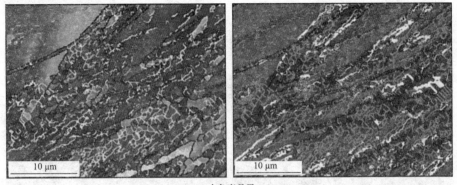

(d) 小角度晶界

图 3-24　1 道次试样的微观组织(续)

在 2 道次等径通道挤压后，虽然新形成的细小等轴晶比例升高，但微观组织依旧呈现不均匀性，如图 3-25(a)所示。在 2 道次挤压后，孪晶分数显著降低，只有在图 3-25(b)中的一些区域可以通过 EBSD 检测到。新形成的小晶粒尺寸进一步减小到 $1\sim2\mu m$，如图 3-25(c)所示。另外，在大晶粒内部也新形成了一些细小的晶粒，例如，在图 3-25(c)的原始（1 0 1）晶粒中形成了很多小晶粒，这说明这些细小的新晶粒是由亚晶粒转化而来，并且这个大晶粒正处在细化的过程中。在 2 道次试样中，同样形成了许多亚晶，如图 3-25(d)所示的小角度晶界。

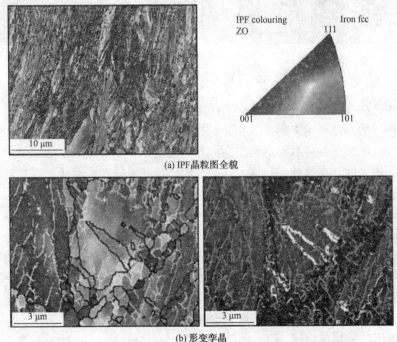

(a) IPF晶粒图全貌

(b) 形变孪晶

图 3-25　2 道次试样的微观组织

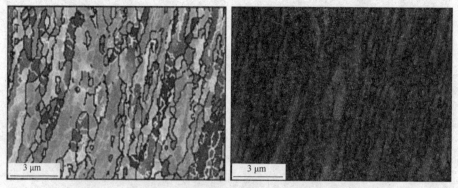

(c) 新形成的细小晶粒

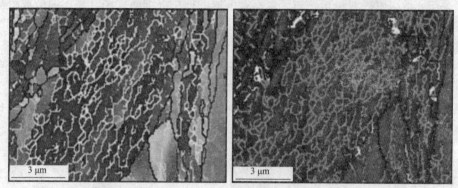

(d) 小角度晶界

图 3-25 2 道次试样的微观组织(续)

在 4 道次等径通道挤压后，不均匀性依旧存在，但是大的伸长晶粒明显变少，新形成的小晶粒越来越多。在 4 道次挤压后几乎没有了传统意义上的孪晶，但是在一些区域还是可以检测到孪晶特有的取向差，比如在图 3-26(b) 中的区域所检测到的界面。在另外一些地方，小晶粒已经开始呈现等轴状态，并且尺寸小于 1μm，如图 3-26(c) 所示。图 3-26(d) 则表示了一些亚晶正在朝新的细小晶粒转化。这就说明了增加等径通道挤压道次可以促进更多大角度晶界的行程，也就是说可以预期其强度较高。

为了确保以上分析数据的真实可靠性，我们再次给出了 EBSD 质量图与晶界图的比较，如图 3-27 所示。根据图 3-27 中的质量图，一些区域呈黑色，这些区域可能是晶界处，也可能是 EBSD 扫描没有覆盖到的地方。将质量图与晶界图进行比较，可以发现大部分黑色区域是出现了小角度晶界或大角度晶界，只有较少地方出现了扫描覆盖问题。

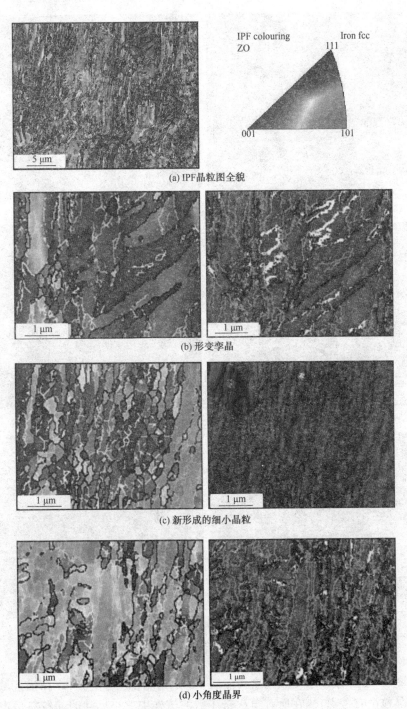

图 3-26 4 道次试样的微观组织

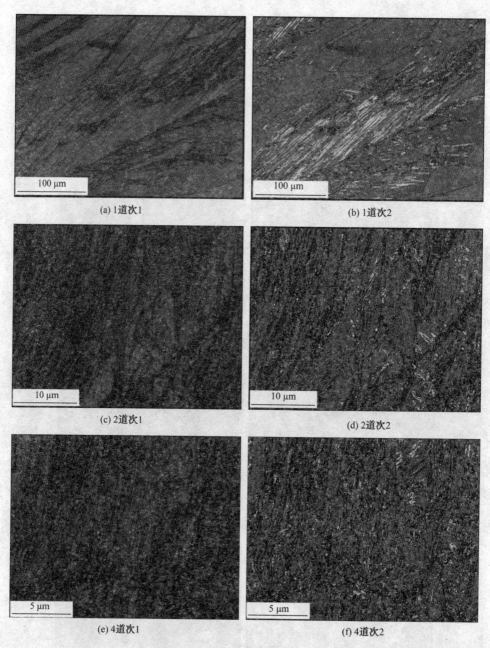

图 3-27 EBSD 质量图与晶界图

在图 3-28 中展示了不同道次挤压后 TWIP 钢晶粒尺寸的分布(扫描区域没有闭合的晶粒没有考虑)。在所有道次挤压后的试样中,小尺寸的晶粒总是占了大多数。具体来说,从 1~4 道次,较大的晶粒数量呈下降趋势,4 道次后,尺寸小于 1μm 的晶粒占了 90%。

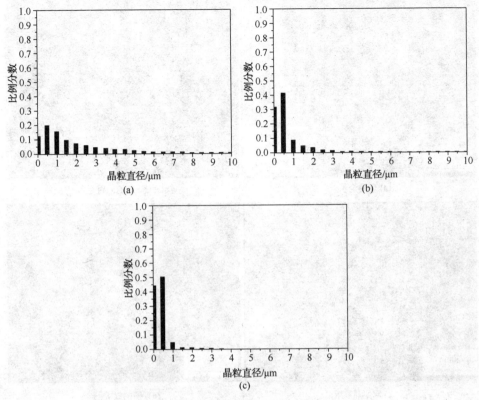

图 3-28 不同道次等径通道挤压后的晶粒尺寸分布

图 3-29 给出了在 300℃下 1 道次等径通道挤压后 TWIP 钢的透射电镜图片。首先,图 3-29(a)展示了所形成的形变孪晶全貌,正如在 EBSD 中所得到的,1 道次挤压后,材料的微观组织发生了巨大的改变,一些奥氏体晶粒中含有孪晶束(图 3-24),形变孪晶厚度在这个阶段为 400~800nm。这些晶粒的其中一个如图 3-29(a)所示,其相应的选取电子衍射图案如图 3-29(b)。此衍射斑证明了孪晶系统的存在,并证明孪晶在(1 1 -1)面上形成。一次孪晶与 Barbier 等人的研究一致,他们认为,孪晶系统网格是由矩阵倒数晶格围绕[1 1 -1]旋转 180°得到的,这与实验所得到的结果一致。通过观察孪晶内部高密度的位错,可以发现这与 TWIP 钢的应变硬化有关。另外,研究中还发现一些晶粒包含了厚度更小的孪晶,虽然这样的孪晶相比于粗孪晶较少,但这样的二次孪晶还是可以经常观察到,如图 3-29(c)和图 3-29(d)所示,相应的选取电子衍射斑点如图 3-29(e)所示。从图中可以得出两套衍射斑分别对应于(1 1 -1)与(-1 1 1)。以上所得到的微观组织特征在其他的高温等径通道挤压中也有描述。

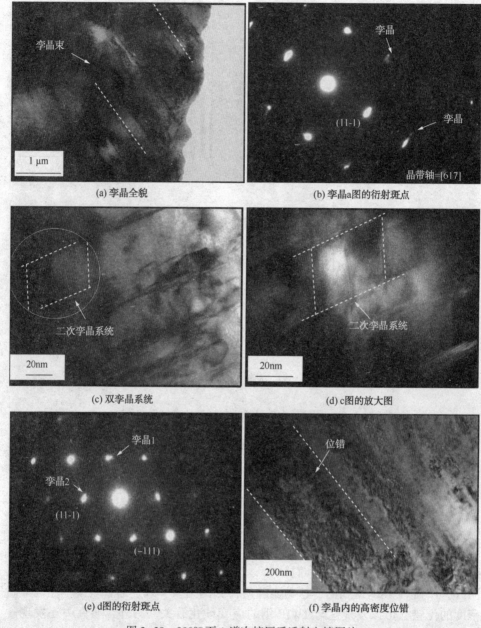

图 3-29　300℃下 1 道次挤压后透射电镜图片

2 道次等径通道挤压后试样的透射电镜图像如图 3-30 所示。在这个阶段,通过 EBSD 可以看出整个微观组织得到了进一步的细化(图 3-25)。通过 EBSD 观察到的形变孪晶相比于 1 道次明显减少。然而,通过透射电镜,还是相对容易的可以发现孪晶束,如图 3-30(a)所示。通过对孪晶厚度的测量,发现相比于 1 道次,2 道次形成形变孪晶的厚度为(200±50)nm,这点同晶粒减小后孪晶厚度也会减小的观点相一致。在这些一次孪晶中,可以发现两个特点:第一,孪晶内部位错密度较高,这点与1道次试样相同,如图3-30(b)所示,相应的选区电子衍射斑点如图3-30(c)所示;第二,通过图3-30(f)中衍射斑点可以确定2道次挤压后产生了许多纳米孪晶,如图3-30(d)和图3-30(e)所示。之前也有许多研究重点描述了在一次孪晶中产生二次纳米孪晶的情况,不过似乎在研究中二次纳米孪晶出现的更加频繁,因为在Timokhina的研究中二次纳米孪晶主要出现在剪切带与亚晶中。另外,2道次试样中还形成了许多位错胞结构,如图3-30(g)所示。

在4道次挤压后,微观组织相比于2道次试样进一步细化,不过大部分参数,例如位错密度与晶粒尺寸相比于之前变化较小,这说明材料在引入缺陷的能力上开始下降,材料缺陷已经开始进入饱和状态。图3-31(a)给出了4道次挤压后的透射电镜围观组织,相应的衍射斑点如图3-31(b)所示。大多数晶粒中出现了尺寸在100nm左右或者更小的亚晶,另外一些晶粒出现了短且薄的孪晶,厚度仅在30~40nm。

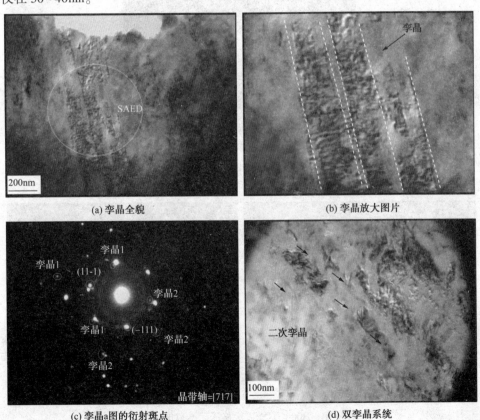

图3-30　300℃下2道次挤压后透射电镜图片

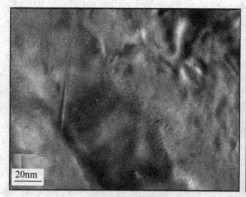
(e) 双孪晶系统放大图片

(f) 孪晶d图的衍射斑点

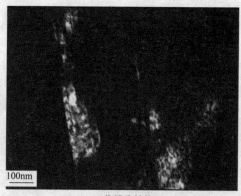
(g) 位错胞结构

图 3-30　300℃下 2 道次挤压后透射电镜图片(续)

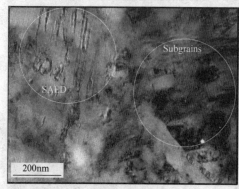
(a) 孪晶全貌

(b) 孪晶a图的衍射斑点

图 3-31　300℃下 2 道次挤压后透射电镜图片

在研究中,首先,1道次的等径通道挤压是在不同温度下进行的,即室温条件下及300℃下。表3-2总结了不同温度、不同道次等径通道挤压后新形成晶粒的尺寸,不同类型界面所占比例等信息。比较得到的主要结果为等径通道挤压产生的新晶粒尺寸随挤压温度降低而减小,同时也随挤压道次的增加而减小。

表3-2 TWIP钢的微观结构表征结果

等径通道挤压条件		新形成晶粒的尺寸/μm	孪晶界/%	位向差	
				大角度晶界/%	小角度晶界/%
初始条件		99.0	41.3	92.9	7.1
1道次	室温	1.9±1	14.8	40.1	59.9
1道次	300℃	4.1±2	13.4	41.3	58.7
2道次	300℃	1.2±0.6	4.1	41.3	59.7
4道次	300℃	0.4±0.2	3.5	51.1	48.9

1道次挤压后的孪晶厚度变化如图3-32所示。室温条件下1道次挤压后,孪晶厚度要小于300℃下挤压的试样,平均厚度为0.4μm。与均匀化退火状态状态的孪晶相比,形变孪晶总是厚度较小并且较为均匀,不管是室温条件下的或是300℃下的。事实上,从堆垛层错能的角度来看,300℃变形时,堆垛层错能约为75mJ/m²,超出了孪晶作为变形机制的12~35mJ/m²范围。所以,通过研究可以发现,在强塑性变形变形条件下,堆垛层错能不是唯一控制孪晶形成的因素,因为高温条件下的变形也观察到了孪晶产生。

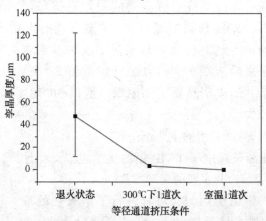

图3-32 1道次挤压后TWIP钢中的孪晶厚度

不同道次挤压后TWIP钢的孪晶厚度如图3-33所示,同样表现出了下降趋势。关于界面所占的比例,在4道次挤压后,小角度晶界逐渐转化成大角度晶界,新晶粒的比例不断增加。值得注意的是,在表中孪晶界所占的比例受到了EBSD扫描时步长的影响。

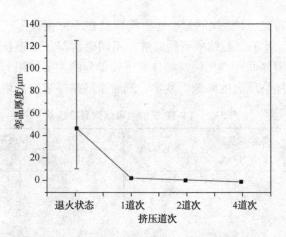

图 3-33 不同道次挤压后 TWIP 钢的孪晶厚度

需要注意的是通过透射电镜观察到的形变孪晶及所得到的结论更加具有说服力。将室温条件下 1 道次试样的 TEM 图像与 300℃下 1 道次试样进行对比，可以发现室温条件下的试样孪晶占有更多分数并且孪晶厚度更小。另外，室温条件下挤压更容易激活二次孪晶系统。正如之前所述，文献中所有二次孪晶系统类型都可以在室温等径通道挤压的试样中找到，而 300℃下挤压的试样中只可以找到依次激活的二次孪晶系统。多道次挤压后的试样也可以发现更多类型的二次孪晶系统，尤其是 2 道次挤压后的试样。这个现象可以通过不同温度或不同道次挤压后应变的积累来解释：300℃下挤压的应变积累较小是因为有一定的动态回复发生（甚至有动态再结晶）。正如 Barbier 所指出的，积累的应变越高，越容易激活二次孪晶系统。再者，300℃下可以通过多道次挤压来激活二次孪晶系统，如图 3-30 所示。然而，由于堆垛层错能较高的关系，形成孪晶要更加困难，所以 300℃下挤压的试样一次孪晶和二次孪晶都较少。

本章通过实验研究所获得的主要结论有：

① 通过电火花测试确定了 TWIP 钢的化学组成，经计算，其堆垛层错能为 $27.3 mJ/m^2$，孪晶变形为其主要的变形方式。

② 为了 TWIP 钢组织均匀，对其进行了退火热处理。在均匀化退火后，TWIP 钢微观组织基本呈等轴状态，平均晶粒尺寸为 99μm，并有退火孪晶生成。

③ 对 TWIP 钢成功地进行了室温条件下的 1 道次等径通道挤压。挤压后，晶粒尺寸大幅减小，孪晶与二次孪晶比例比高温挤压后试样高，但孪晶厚度较薄。

④ 在 300℃的高温条件下挤压后，晶粒尺寸也急剧下降，每道次试样均有

三个特点：新形成的小晶粒、孪晶与亚晶。随着挤压道次的增多，孪晶与小角度晶界比例逐渐减少。可以发现，随着挤压的进行，亚晶粒逐渐转换成新晶粒。孪晶厚度也呈减小趋势，TEM 显微分析可以看出每道次挤压后试样均有形变孪晶形成。具体来说，1 道次挤压后，孪晶较宽，有小部分二次孪晶；2 道次挤压后，二次孪晶系统增多，孪晶厚度减小；4 道次后，形成的是细小的形变孪晶。

第4章 等径通道挤压后TWIP钢的织构表征

在材料科学中,织构定义为一个样品的晶体取向分布。如果样品内晶粒的方向是完全随机的,则指没有明显的织构。然而,如果晶体取向不是随机的,而是有一些择优取向的,那么样品具有弱、中等或强的织构。织构的程度取决于具有择优取向的晶体的百分比。在几乎所有的工程材料中都可以看到织构,并且对材料性能有很大的影响。

EBSD 不仅能够测量样品的取向比例,也可以知道组织在这些方向的分布。这是一种新的织构分析方法。目前,EBSD 技术可以测量微织构,然后可以分析织构梯度。宏观织构也可以通过大量的微观区域织构分析得到。织构方向通常是由传统的 EBSD 分析得到,通过取向分布函数(ODF)表示,极图和反极图表示。

4.1 织构的表示方法

4.1.1 极图

极图是一个用图形来表示物体在空间的取向的方法。例如,赤平面上投影极图是用来在材料科学晶体学和织构分析表示晶格平面的取向分布的方法。极图由同一方向等值线构成,通过一个完整的三维图形来表示,但二维的极射赤平投影图(图4-1)更加方便和流行。

4.1.2 反极图

反极图在某些情况下更为方便,主要可以处理某些特定方向的参照坐标系,特别是重要的低指数晶向参考坐标系(图4-2)。在赤平投影与晶体平行的法线方向(ND)、轧制方向(RD)或横向(TD)切取反极图,可以帮助理解某些类型的织构。

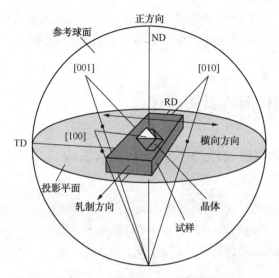

图 4-1 极图成像原理示意图

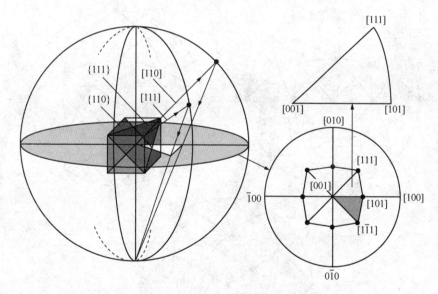

图 4-2 反极图成像原理示意图

4.1.3 取向分布函数

取向分布函数(Orientation Distribution Function，ODF)定义为具有一定取向 G 的晶粒所占的体积分数(V)：

$$ODF(g) = \frac{1}{V} \cdot \frac{dV(g)}{dg} \tag{4.1}$$

ODF 通常使用三个欧拉角表示。欧拉角可以将样品的参考框架转换成每个晶粒的晶体参考框架。不同的欧拉角分布可以通过 ODF 进行描述，所有极图可以从 ODF 中获得。

4.2 TWIP 钢的织构演化

4.2.1 均匀化退火状态下 TWIP 钢的织构

(1) 极图

立方结构材料的初始织构强度范围可以从随机织构(织构强度在 1.2~1.4)，中等强度织构(织构强度在 2~3)，到强织构(织构强度>5~6)。为了研究 TWIP 钢在均匀化退火状态下的织构，首先分析了其极图。面心立方金属标准极图如图 4-3 所示。

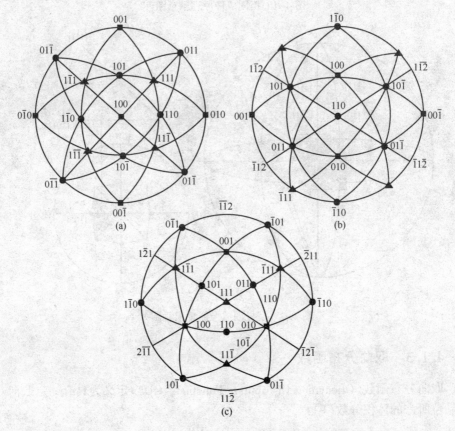

图 4-3 面心立方金属标准极图

图4-4给出了所研究TWIP钢在均匀化退火状态下的极图。从中可以看出，均匀化退火状态TWIP钢有中等强度的织构，强度在3~6之间。在{100}面上，晶粒择优取向为<101>与<111>；在{110}面上，晶粒择优取向为<110>与<111>；在{111}面上，晶粒择优取向为<111>与<110>。对初始状态的织构研究非常重要，因为这对于解释在等径通道挤压过程中产生的各向异性非常有帮助，初始阶段的中等强度织构对于变形后材料的行为有重要的影响。

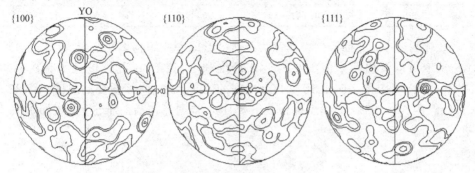

图4-4 TWIP钢在均匀化退火状态下的极图
注：等值线水平 0.78/1.33/3.88/5.43/6.98

（2）取向分布函数

Humphrey等总结了对于面心立方金属再结晶织构中最重要的晶粒方向位置，如表4-1所示。

表4-1 面心立方金属再结晶识构晶粒方向位置

织构符号	{hkl}<uvw>	欧拉角		
		$\phi_1/(°)$	$\Phi/(°)$	$\phi_2/(°)$
Cube(C)	{001}<100>	0/90	0/90	0/90
		45	0	45
Rotated Cube(RC)	{001}<110>	0/90	0	45
Cube RD	{013}<100>	0	22	0/90
Cube ND	{001}<310>	22	0	0/90
Goss(G)	{011}<100>	0	45	0/90
	{110}<001>	90	90	45
Rotated Goss(RG)	{110}<110>	90	45	0
		0	90	45
Copper(Cu)	{112}<111>	90	34-8	45
Rotated Copper(RCu)	{112}<110>	0	34-8	45
Brass(B)	{011}<211>	35	45	0/90
	{110}<112>	55	90	45

续表

织构符号	{hkl}<uvw>	欧拉角		
		$\phi_1/(°)$	$\Phi/(°)$	$\phi_2/(°)$
Rotated Brass(RB)	{110}<111>	34-8	90	45
		55	45	0/90
P	{011}<122>	65	45	0/90
Q	{013}<231>	58	18	0

在轧制过程中，面心立方的 TWIP 钢会形成一些织构"纤维"，如图 4-5 所示。从中可以看出两个最重要的是 α 纤维和 β 纤维。α 纤维包括所有在 Goss {110}<001>织构和 Brass{110}<112>之间的位向。另外一个重要的包括 Cu{112} <111>织构、S{123}<634>织构和 Brass 织构，同时还包括在纤维上的中间织构。

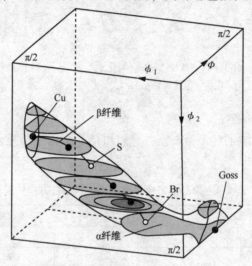

图 4-5 面心立方金属轧制过程中形成的纤维织构

在本研究中，通过三斜对称取向分布函数来分析织构，这样有助于更好的识别初始对称性。图 4-6 给出了 TWIP 钢在均匀化退火状态下的取向分布函数，可以看出，材料具有对称性，因为每隔 $\phi_1=180°$ 织构呈现重复行为。

在取向分布函数图中，大量的织构属于 α 纤维，如 Goss(G)和 Brass(B)。这个结果与 Haase 及 Barbier 的研究结果一致，他们指出低堆垛层错能金属在退火状态下将会形成 Brass 和 Goss 型织构。另外，随着堆垛层错能的降低，Brass 织构将加强并会扩撒到 Goss 型织构，逐渐形成 α 纤维。至于 β 纤维，可以看出相当高比例的 Copper 和 Brass 织构。这些织构在低堆垛层错能面心立方金属轧制后比较常见。在最后均匀化退火后，出现了很多退火孪晶，Goss 织构与 β 纤维会逐渐消失，而 Brass 织构不断增强。需要注意的是，在这种低堆垛层错能的材料中，孪晶对织构演化有很重要的作用，即从 Copper 织构向 Brass 型织构转变。

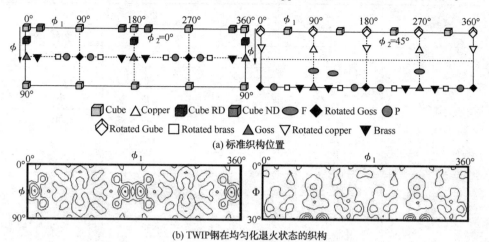

(b) TWIP钢在均匀化退火状态的织构

图 4-6　取向分布函数

注：等值线水平 1/3.4/6.79/10.2

图 4-7(a) 总结了每个织构的频率值，其中 TWIP 钢在初始阶段，主导的是 Goss 织构和 Brass 织构，之后是 Copper 织构。同时，图 4-7(b) 给出了 TWIP 钢在初始阶段的各向异性情况，其中<110>‖Y 方向比例最高。

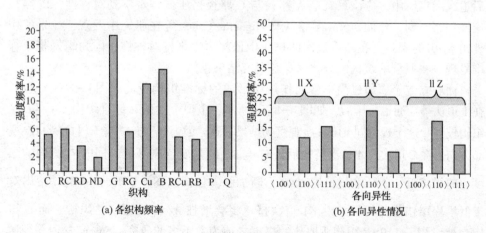

图 4-7　TWIP 钢在均匀化退火状态

4.2.2　等径通道挤压后 TWIP 钢的织构

等径通道挤压后 TWIP 钢的织构也通过三斜对称($0°<\phi_1<360°$) 取向分布函数来分析，Beyerlein 等以及 Li 等总结了简单剪切的标准织构位向。如表 4-2 所示。

表 4-2 面心立方金属简单剪切标准织构位向

织构符号	{hkl}<uvw>	欧拉角		
		$\phi_1/(°)$	$\Phi/(°)$	$\phi_2/(°)$
A_1^*	$(111)[\bar{1}\bar{1}2]$	34-8	45	0/90
		124-8	90	45
A_2^*	$(111)[11\bar{2}]$	144.74	45	0/90
		54.74	90	45
A	$(1\bar{1}1)[110]$	0	34-8	45
$\bar{A}$	$(1\bar{1}1)[\bar{1}\bar{1}0]$	180	34-8	45
B	$(11\bar{2})[110]$	0/120	54.74	45
$\bar{B}$	$(\bar{1}\bar{1}2)[\bar{1}\bar{1}0]$	60/180	54.74	45
C	{001}<110>	90	45	0/90
		0/180	90	45

图 4-8 总结了经 1 道次、2 道次、4 道次等径通道挤压后 TWIP 钢简单剪切的织构取向分布函数,可以看出,材料依旧具有对称性(织构每隔 $\phi_1=180°$ 呈现重复),$B/\bar{B}$ 织构及 $A/\bar{A}$ 织构强度基本相同。Beyerlein 在研究中指出在简单剪切中的 1 道次应该可以观察到对称性,尤其是通过内角 $\Phi=90°$ 的模具加工,但在之后道次的挤压中,应该只有在 A 路径与 C 路径挤压试样观察到对称性,B_C 路径应该观察不到。然而,Suwas 等以及 Higuera-Cobos 等在研究中发现,如果使用外角 $\psi>0°$ 的模具,在随后道次的挤压中依然可以维持对称性,因为织构将延纤维呈现一些典型的织构组分,这点与研究结果相似。

面心立方金属通过简单剪切作用所形成的标准织构位向如图 4-8(a) 所示。在 1 道次等径通道挤压后,如图 4-8(b) 所示,出现了大量 α 纤维织构,A_1^* 与 A_2^* 织构较强。这个现象同 EBSD 所观察到结果一致,因为 A_1^* 与 A_2^* 属于 {111}<112> 孪晶方向。在 2 道次及 4 道次挤压后,A_1^* 与 A_2^* 的强度急剧降低,同时 C 织构的强度也略微降低,β 纤维型织构 $B/\bar{B}$ 不断加强,如图 4-8c 与 d。Beyerlein 指出对于低堆垛层错能的材料来说,1 道次挤压将会增强 $A/\bar{A}$、A_1^* 及 A_2^* 织构,而 C 织构会被 {112}<110>B 织构所取代。根据之前为数不多的研究,Suwas 发现等径通道挤压织构与热轧的织构可以进行比较分析,并提出了对应织构:S→A_1,Cu→C,Brass→B,因此,C 织构将降低而 $B/\bar{B}$ 织构将会变强。随着等径通道挤压道次的不断增多,$B/\bar{B}$ 织构加强也说明了组织正在不断稳定。Hughes 也证明了在较宽堆垛层错能范围内随着变形的深入 B 织构会不断强化。

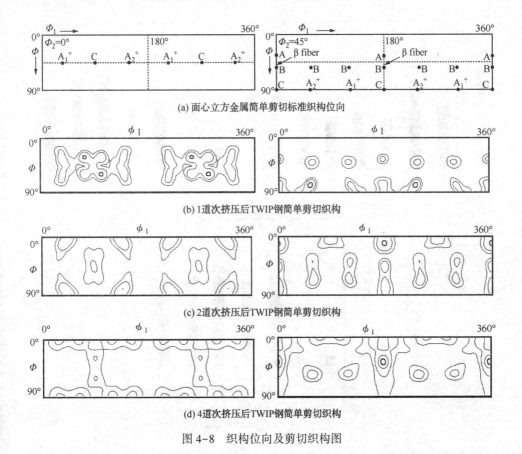

图 4-8 织构位向及剪切织构图

图 4-9 给出了等径通道挤压后 TWIP 钢中每种标准织构的强度频率。在 1 道次试样中，α 纤维中的 A_1^* 与 A_2^* 织构是 TWIP 钢中频率最高的，这是由于孪晶的出现导致的。然而，1 道次中其他的织构 $A/\bar{A}$ 及 $B/\bar{B}$ 在第 1 道次和第 4 道次后，强度也发生了变化。

在图 4-9(a)中，给出了 1 道次挤压后主要的剪切织构。将本研究中的织构行为与其他 FeMnCAl 型 TWIP 钢的织构行为进行比较时，可以发现，在 300℃ 下进行 1 道次等径通道挤压有着相似的织构行为，虽然略有不同。最主要的不同点是在本研究中最主要的是 A_2^* 织构，而 A_1^* 织构强度略微低一些。之前也有一些研究报道了在低堆垛层错能金属中 A_2^* 织构较强的情况：Barbier 等人在对 FeMnC 型 TWIP 钢进行剪切实验时，发现 A_1^* 与 A_2^* 织构相比于其他织构表现出较高的强度，虽然剪切实验只获得了 0.3 的真实应变，比 1 道次的等径通道挤压小很多。Chowdhury 的研究团队发现通过等径通道对银进行挤压时 A_2^* 织构是主要的织构，Beyerlein 以及 Toth 也得到了类似的结果。在 Toth 的研究中，他将织构行为与形变孪晶相联系，因为所形成的孪晶具有 {111}<112>方向，属于 A_2^* 织构。为了比

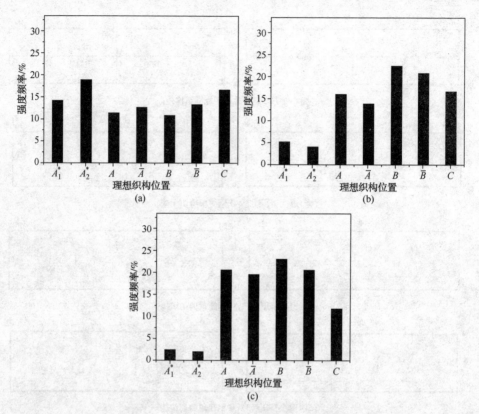

图 4-9 等径通道挤压后 TWIP 钢中的织构频率

较 1 道次等径通道挤压的结果,需要注意本研究中的 TWIP 钢 C 含量比起文献中 FeMnCAl 型 TWIP 钢所用的 C 含量要略低。当然,Haase 与本研究所用钢的 C 含量比起高堆垛层错能的 Cu 要低很多。

本书中 TWIP 钢等径通道挤压后织构的演化与 Haase 的研究相似。在 2 道次后,织构强度有所增加,并且在 4 道次后更加明显。在 Haase 的研究中发现通常高堆垛层错能的金属在 2 道次与 4 道次中织构强度并不增加,这与变形机制的饱和有关。然而,对于低堆垛层错能的金属,例如银或是通过孪晶变形的 FeMnCAl 型 TWIP 钢,则会出现织构强度的增加。在这样的情况下,本书研究中所发现的织构强度的增加,也印证了典型低堆垛层错能金属在等径通道挤压后的织构行为与高堆垛层错能金属不同。

至于在等径通道挤压过程中主要的剪切织构演化,必须指出的是,由于在 B_C 路径等径通道挤压的连续作用下,A_1^* 与 A_2^* 织构强度显著降低,而 $B/\bar{B}$ 与 $A/\bar{A}$ 织构则不断加强。A_1^* 与 A_2^* 织构强度同时降低的情况之前并无报道,而在 Haase 的研究中,FeMnCAl 型 TWIP 钢在等径通道挤压后 A_2^* 织构强度降低明显,但 A_1^*

织构强度仅是略微降低。两个研究结果的略微出入可能是因为通过 EBSD 检测在高应变下形成形变孪晶有一定困难所致。另一方面，$B/\bar{B}$ 织构的加强以及 β 纤维织构的增强在之前就已被证实，这主要是由于 B 织构（{112}<110>）代替了 C 织构所致，这与本书研究中所发现 4 道次挤压后 C 织构不断降低强度的演化规律相一致。

本书中通过等径通道挤压所得织构演化规律与之前其他关于低堆垛层错能材料的规律基本相同。这里必须假定，织构很大程度上受挤压过程特征的微小变化的影响，即使同一种金属也存在一些变化。不过通常来讲，随着堆垛层错能的降低，C 织构的降低及 $B/\bar{B}$ 的增强是统一的规律，与本书的研究也一致。

Suwas 对于织构与变形机制提出了一个重要的假设，如前所述，他认为堆垛层错能降低对于织构演化的影响可以与冷轧工艺进行比较，S→A_1，Cu→C，Brass→$B/\bar{B}$。根据这个规律，A_1^* 与 C 织构也会不断降低强度而 $B/\bar{B}$ 织构会通过等径通道挤压而不断增强。根据这个假设，Haase 定义了 FeMnCAl 型 TWIP 钢所得的织构为"过渡织构"，这是由于在等径通道挤压过程中出现了 C 与 $B/\bar{B}$ 织构的缘故。另外，研究者曾提出较强的 C 织构与位错滑移为主要的变形机制有关，而 $B/\bar{B}$ 织构的增强与形变孪晶有关。在本书研究的 FeMnCAl 型 TWIP 钢中，织构的演化与 Suwas 的假设吻合较好，随着等径通道挤压，C 与 A_1^* 织构逐渐被 $B/\bar{B}$ 织构所代替。这也说明了在研究中孪晶变形应该会承担了更重要的角色，这也解释了在 1 道次和 2 道次试样拉伸过程中（将在下章着重讨论）应变硬化率得以不断维持，以及 2 道次和 4 道次试样均匀变形阶段较长的原因。

本章通过实验研究所获得的主要结论为：TWIP 钢在均匀化热处理状态表现的主要织构为 Goss 和 Brass，在等径通道挤压后，主要的简单剪切织构从 A_1^* 逐渐转变为 $B/\bar{B}$。

第5章 等径通道挤压后TWIP钢的力学性能

在研究了等径通道挤压对于微观组织结构、织构演化规律后，本章还着重分析了超细晶结构TWIP钢的拉伸力学性能。大量研究表明通过强塑性变形后得到的晶粒细化会导致强度的升高及变形机理的改变，但却伴随着塑性韧性的降低。TWIP钢是一种强度与塑性兼容的材料，由于其内在良好的塑性，因此可以通过强塑性变形来进行晶粒细化，获得更高的强度与一定得塑形。

在本章关于拉伸力学性能的研究中，首先，比较分析了挤压道次对等径通道挤压后TWIP钢力学性能的影响，并分析了强度提升的原因。其次，对等径通道挤压前后位错密度与孪晶行为的改变，以及对TWIP钢应变硬化率的影响进行了研究。最后，通过分析，对不同晶粒尺寸的TWIP钢进行了塑性本构模型的研究。

5.1 显微硬度测试

硬度通常用来表示材料对外物压痕引起的塑性变形的抵抗力。对于大多数材料，硬度和流动应力之间存在近似的比例关系：

$$H \cong k\sigma_f \tag{5.1}$$

式中 H——材料的硬度；

k——比例系数，钢材料通常取3.0；

σ_f——流动应力。

由于显微硬度测试压头的尺寸很小，所以可以用这种技术来测量材料在不同阶段或不同区域的硬度，并将这些结果作为分析微观结构特征的依据

在本研究中，显微硬度测试使用的是AKASHI MVK-HO型维氏硬度测试仪，如图5-1所示。压头是136°侧角锥体金刚石，下压保持时间为10s。在硬度测试前，对试样进行了抛光处理。

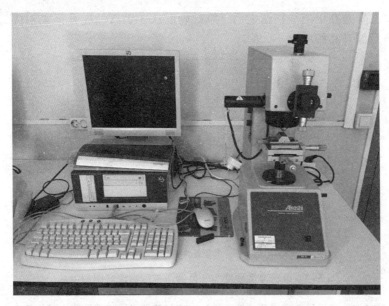

图 5-1 AKASHI MVK-HO 型维氏硬度测试仪

硬度值随载荷的变化而变化，影响硬度实验结果，显微硬度值随载荷的变化对材料的性质十分敏感。但是，当施加载荷较大时，显微硬度值则相对稳定。因此，应该采用较大的载荷对显微硬度进行测量。在本书工作中，采用 0.5kg 的压头对每个试样不同区域进行超过 20 次的测量，并取平均值作为最终的结果，如图 5-2 所示。

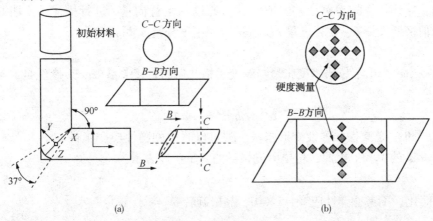

图 5-2 显微硬度测试

许多研究人员测量试样不同区域的显微硬度，并将其作为微观结构分析的基本信息。图 5-3 给出了 TWIP 钢维氏显微硬度与等径通道挤压道次之间的关系，表 5-1 列出了硬度具体测试结果。可以看出，TWIP 钢的硬度随挤压道次的增多而升高，尤其是在 1 道次挤压之后，维氏硬度从 312HV$_{0.5}$ 提升至 478HV$_{0.5}$，之后道次挤压后的升高幅度略小。

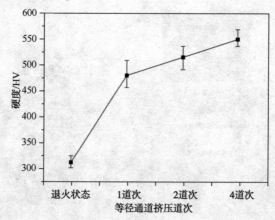

图 5-3 维氏显微硬度与等径通道挤压道次之间的关系

表 5-1 维氏显微硬度测试值及位错密度与等径通道挤压道次之间的关系

等径通道挤压道次	0 道次	1 道次	2 道次	4 道次
维氏显微硬度值/HV	312±10	478±24	515±20	555±10
位错密度/m^{-2}	1.31×10^{13}	7.65×10^{14}	2.64×10^{15}	4.33×10^{15}

为了确定位错密度随等径通道挤压道次的变化规律，本研究计算了各道次试样的位错密度。计算是基于 He 等的模型通过 EBSD 测量位向所得。位错是二维缺陷，导致晶格的相对位移。他们可以通过一个行向量 t 进行描述，说明其方向，伯格斯矢量 b，位置矢量 r_0。Nye 位错密度张量 α_{ij} 可以写为

$$\alpha_{ij} = b_i t_j \delta(r - r_0) \tag{5.2}$$

Kroner 给出了位错密度张量与畸变晶格几何的直接关系（curl，旋度是矢量计算）：

$$\alpha^T \equiv curl \beta^{pl} = -curl \beta^{el} \tag{5.3}$$

β^{pl} 和 β^{el} 是塑性和弹性变形张量。β^{el} 可以写成的弹性应变张量 ε^{el} 和晶格旋转张量 ω 的总和。因此，位错密度张量的分量可以表示为

$$\alpha_{ij} = -\varepsilon_{jkl} \beta^{el}_{il,k} = -\varepsilon_{jkl}(\varepsilon^{el}_{il,k} + \omega_{il,k}) \tag{5.4}$$

为了简化，不考虑弹性应变，$\varepsilon^{el} = 0$，晶格旋转 $\omega_{il} = -\varepsilon_{ilm}\omega_m$：

$$\alpha_{ij} = -\varepsilon_{jkl}\omega_{il,k} = \varepsilon_{jkl}\varepsilon_{ilm}\omega_{m,k} = \omega_{j,i} - \delta_{ij}\omega_{k,k} \tag{5.5}$$

由于点阵曲率张量 $\kappa_{ji} = \omega_{j,i}$，因此位错密度张量可以写成：

$$\alpha_{ij} = \kappa_{ji} - \delta_{ij}\kappa_{kk} \tag{5.6}$$

而点阵曲率张量 κ 可以通过 EBSD 位向图得到。

表 5-1 给出了等径通道挤压前后 TWIP 钢位错密度的变化，很明显随着等径

通道挤压的进行，位错密度急剧升高，并且在 1 道次挤压过程中升高最多。在低堆垛层错能材料中，位错的横向滑移更为困难，位错运动受到限制。因此，位错的堆积和扩散很容易发生，因此位错密度急剧增加。增加的位错密度会产生位错的缠结以及位错与孪晶界的相互交割，最终导致较高的硬度。

5.2 微拉伸测试

5.2.1 TWIP 钢的微拉伸测试实验

许多研究表明，在等径通道挤压之后，试样内部的变形分布不均匀，不同区域的晶粒细化效果略有不同。特别是在 ECAP 试样的中心区域，晶粒发生严重变形，表现出更多的晶粒细化，而在样品边缘附近，晶粒细化相对较少。因此，用于拉伸实验的样品应避免由于材料不均匀性而产生的影响。本实验所用拉伸试样从挤压棒状试样横截面的中间处切取，如图 5-4 所示，拉伸试样经挤压轴的纵向变形轴加工。由于等径通道挤压后材料尺寸减小，因此无法加工标准拉伸试样。在本书工作中，所用微拉伸试样的标距段长度为 3mm，采用线切割加工。

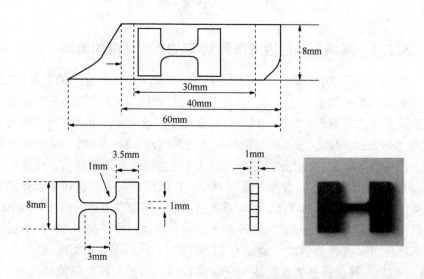

图 5-4 拉伸力学性能实验试样的取样和尺寸示意图

为了研究不同道次等径通道挤压后 TWIP 钢的力学性能演化，对均匀化退火状态、1 道次、2 道次及 4 道次试样进行了微拉伸实验。实验在 DEBEN 微拉伸实验机上进行，如图 5-5 所示，拉伸速度为 3.3×10^{-3} mm/s（准静态条件）。拉伸断口形貌通过场发射扫描电子显微镜 JEOL JSM-7001F 进行。

图 5-5　DEBEN 微拉伸实验机

5.2.2　高温下等径通道挤压后 TWIP 钢强度的增加

TWIP 钢在均匀化退火状态及不同道次等径通道挤压后(300℃下)微拉伸测试结果如图 5-6 及表 5-2 所示。屈服强度与极限抗拉强度随挤压道次增加而不断上升，这与之前的研究结果一致。材料在均匀化退火状态下表现出较低的屈服强度为(590.6±5)MPa，较高的极限抗拉强度为(1370.5±5)MPa，以及 40% 的延伸率，是一个典型的 TWIP 钢拉伸行为。在 1 道次等径通道挤压后，屈服强度提升至(1150.4±10)MPa，延伸率下降至 19%。在之后的每道次挤压中都伴随着屈服强度的提高与延伸率的降低，到 4 道次挤压后，屈服强度达到(1490.9±10)MPa，并且仍保持着 7% 的延伸率，如图 5-6 所示。据此，本研究中 TWIP 钢通过等径通道挤压可以将屈服强度提高 95%(1 道次)及 152%(4 道次)。另外一个描述 TWIP 钢力学性能的重要参数是 YR 比(屈服强度与极限抗拉强度的比值)。在一些工程应用中，较大的 YR 比可以保证材料在断裂前是均匀塑性变形。随着等径通道挤压道次的增多，YR 也随之增大，4 道次后达到 0.93。TWIP 钢的能量吸收性能通过拉伸韧性来表示(材料真实应力应变曲线下面积)，在经历多道次等径通道挤压后，能量吸收性能也随之减小。然而，1 道次及 2 道次试样仍然保持了较高的能量吸收性能，甚至超过了许多传统钢材，例如 FePO4、Z St E 180 BH、高强 IF(HS)以及 Q St E 500 TM。

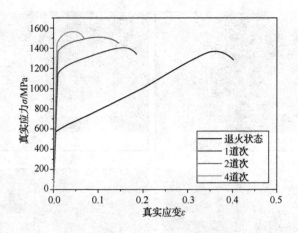

图 5-6　TWIP 钢等径通道挤压前后真实应力应变曲线

表 5-2　不同道次等径通道挤压后 TWIP 钢屈服强度、极限抗拉强度、YR 比、延伸率以及拉伸韧性

等径通道挤压条件	屈服强度/MPa	极限抗拉强度/MPa	YR	延伸率/%	拉伸韧性×10^3/(J/m^3)	断面收缩率/%RA
均匀化退火状态	590.6±5	1370.5±5	0.43	40	489.3	64
1 道次	1150.4±10	1400.1±5	0.82	19	256.5	36
2 道次	1390.4±5	1520.2±5	0.91	14	224.4	28
4 道次	1490.9±10	1600.6±10	0.93	7	97.5	19

图 5-7 给出了均匀化退火状态及等径通道挤压状态下 TWIP 钢拉伸断口形貌照片。可以得到的结论是，随着等径通道挤压道次的增加，断面收缩率逐渐降低（具体数值见表 5-2），这与拉伸测试中延伸率的规律一致。从断口形貌中还可以看出均匀化退火粗晶的断口与等径通道挤压后试样的断口有所不同：在退火状态下，断裂面由大量近似圆形的等轴韧窝组成，韧窝较大，分布均匀；但是对与等径通道挤压后试样，韧窝较窄。断口形貌的不同说明均匀化退火状态下粗晶 TWIP 钢的韧性要明显好于等径通道挤压后的试样，这与拉伸实验结果相符。值得一提的是等径通道挤压后，TWIP 钢依然呈现延性断裂机制，虽然有些区域显示出解理断裂。通过对断口形貌的观察，2 道次与 4 道次等径通道挤压后试样较小的韧窝说明，有限的位错运动与孪晶相结合的机制仍然可以促进一定的塑性。根据 Yanagimoto 等的研究结果，塑性断裂有两种韧窝：大韧窝是通过夹杂基体界面的融合机制，而小韧窝是由于位错间的互相影响机制形成。

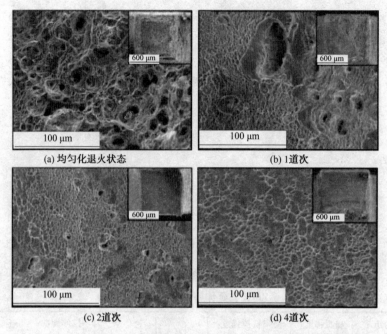

图 5-7 不同道次等径通道挤压后 TWIP 钢的拉伸断口形貌

图 5-8 给出了所有试样的应变硬化率与真实应变间的关系。在均匀化退火状态下，TWIP 钢具有较高的应变硬化能力。在较低的应变下，应变硬化率很高，但随应变的增加下降很快。之后，在应变为 0.12 时，应变硬化开始上升并保持稳定直到急速下降引发断裂。在强塑性变形后的试样中，应变硬化随挤压道次的增多而降低。

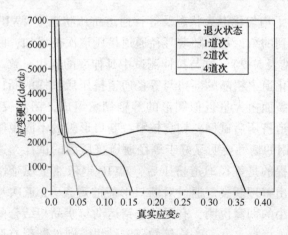

图 5-8 TWIP 钢应变硬化率与真实应变的关系

5.2.3 室温下等径通道挤压后 TWIP 钢强度的增加

TWIP 钢在室温及 300℃下 1 道次等径通道挤压后的真实应力应变曲线如图 5-9 所示，相应结果在表 5-3 中总结。从图中可以看出，由于强度塑性往往不可兼得，室温条件下挤压的 TWIP 钢在三个试样中拥有最高的屈服强度、极限抗拉强度，以及最低的延伸率。1 道次挤压后，材料的能量吸收性能也大幅下降。但是需要注意的是 TWIP 钢在室温等径通道挤压后，屈服强度提升更加明显（590.6~1295.3MPa）。另外，三个试样的极限抗拉强度相差不大，都在 1400MPa 左右，说明这个饱和的极限抗拉强度可以通过这三种途径获得。

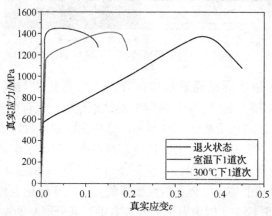

图 5-9 三种条件下 TWIP 钢真实拉伸应力应变曲线

表 5-3 不同温度 1 道次等径通道挤压后 TWIP 钢屈服强度、极限抗拉强度、YR 比、延伸率以及拉伸韧性

等径通道挤压条件	屈服强度/MPa	极限抗拉强度/MPa	YR	延伸率/%	拉伸韧性/×10³/(J/m³)	断面收缩率/%RA
均匀化退火状态	590.6±5	1370.5±5	0.45	40	489.3	64%
300℃下 1 道次	1150.4±10	1400.1±5	0.82	19	256.5	36%
室温下 1 道次	1295.3±5	1440.7±5	0.90	13	176.16	19%

室温 1 道次等径通道挤压后试样的拉伸断口形貌如图 5-10 所示。如前所述，在等径通道挤压后的试样中韧窝较少，在室温挤压后的 TWIP 钢中还甚至出现了解理及亚细胞结构（超细晶材料的典型断口形貌）。室温挤压后，韧窝尺寸更小并且更加多元化，并且通过韧窝大小也可得出 300℃下挤压材料具有更好塑性的结论。另外，室温 1 道次挤压后 TWIP 钢的断面收缩率为 19%，也比 300℃下挤压的低。

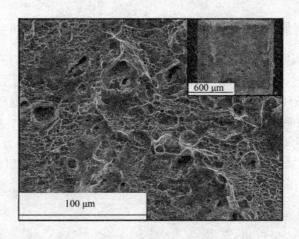

图 5-10 室温 1 道次等径通道挤压后试样的拉伸断口形貌

不同温度下 1 道次等径通道挤压试样的应变硬化率与真实应变的关系如图 5-11 所示。室温挤压后的 TWIP 钢应变硬化率较低,只有在很短的一段应变内维持了应变硬化,之后应变硬化率跌至零。这些观察结果可以用位错相互作用来解释。在退火条件下,晶粒尺寸大,位错相对自由,促进了孪晶激活和位错与孪晶相互作用的大应变硬化。然而,在挤压条件下,钢的一些孪生能力已被消耗,因此,降低了位错的平均自由程和后续变形能力,应变硬化变得非常有限。这种效果在 300℃ 挤压时较少,因为温度的升高有助于部分回复的发生。

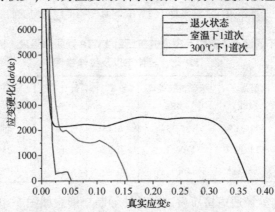

图 5-11 不同温度 1 道次挤压 TWIP 钢应变硬化率与真实应变的关系

5.2.4 均匀化退火状态下 TWIP 钢的拉伸变形阶段

图 5-12 表示了 TWIP 钢在均匀化退火状态与等径通道挤压后拉伸真实应力 σ、应变硬化率 $(d\sigma/d\varepsilon)$ 与真实应变 ε 之间的关系,以及 $\ln(d\sigma/d\varepsilon)$ 与 $\ln\sigma$ 之间

的关系。从均匀化退火状态下试样的 $\ln(d\sigma/d\varepsilon)-\ln\sigma$ 点图可以看出，塑性变形可以分为五个阶段。第一，在应变 0~0.028(A 阶段)，应变硬化急剧降低；第二，在应变 0.1 之前(B 阶段)是一个稳定阶段；第三，在应变 0.16 之前(C 阶段)，应变硬化略微上升；第四，在应变 0.16~0.27(D 阶段)，应变硬化再次经历一个稳定阶段；最后，应变硬化迅速下降直到断裂(E 阶段)。根据之前的研究，这些应变阶段可以通过以下机理说明：从 A 阶段到 B 阶段的转折点对应于多滑移变形中孪晶的出现；B 阶段的恒定水平可能是由于引入一次形变孪晶；C 阶段应变硬化的上升与激活二次孪晶有关；D 阶段再次出现稳定水平是因为孪晶产生率降低；最后由于塑性失稳，E 阶段几乎没有孪晶产生，材料断裂。本研究中 TWIP 钢与其他研究中 FeMnCAl 型 TWIP 钢的应变硬化行为基本相似，但是 B 阶段没有应变硬化的上升。本研究所用 TWIP 钢中含有铝成分，提高了堆垛层错能，而降低了形变孪晶的产生几率，这点对于二次孪晶更加明显，因为二次孪晶不易激活。这就表现在了与其他 FeMnC 型 TWIP 钢相比，B 阶段与 C 阶段应变硬化较低。

300℃下 1 道次等径通道挤压后，屈服强度急剧升高，而延伸率降低。必须指出的是，从图 5-12(c)与图 5-12(d)中应变硬化与应变的关系可以看出，材料仍然保持着应变硬化能力，硬化直到应变 0.15 处。在阶段 A 应变硬化急剧下降后，B 阶段应变硬化率降低较慢，并终止在一个稳定阶段，紧接着，C 阶段应变硬化率略微上升，之后应变硬化再次下降直到断裂发生。

图 5-12(e)与图 5-12(f)给出了 TWIP 钢经 2 道次等径通道挤压后拉伸应变硬化的演化。有趣的是应变硬化的演化规律与 1 道次试样相同：阶段 B 下降较为平滑，而阶段 C 应变硬化则略有上升，之后应变硬化不断降低，在应变 0.11 处失效。

最后，4 道次等径通道挤压后材料的应变硬化演化规律如图 5-12(g)与图 5-12(h)所示。其中，均匀变形阶段相比于 2 道次试样有所降低，总延伸率为 7%。在 4 道次试样中，虽然材料仍然保持着一定得应变硬化能力，但很难划分出应变硬化稳定或上升的阶段。

对于本研究中 FeMnCAl 系列 TWIP 钢，在 300℃下 1 道次等径通道挤压后，屈服强度明显提升。这与之前的通过相似温度下强塑性变形来提升 FeMnC 系列以及 FeMnCAl 系列 TWIP 钢的研究结果相似。高屈服强度来自强塑性变形后位错密度的提升所形成大量亚晶，以及位错与孪晶的相互作用所致。尽管在 300℃下堆垛层错能较高，在本研究中还是在挤压后试样中经常检测到形变孪晶，这点也在其他报道用相同方式加工 TWIP 钢中发现，并且透射电镜观察到孪晶内部的纳米孪晶与高密度位错。

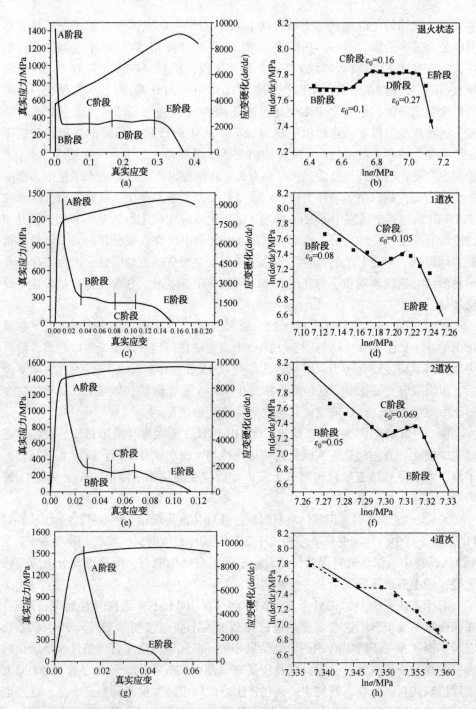

图 5-12　不同等径通道挤压条件下
真实应力应变曲线、应变硬化率、与 $\ln(d\sigma/d\varepsilon)$-$\ln\sigma$ 点图

强度的提升伴随着延伸率的降低。然而，材料仍然保持这相当的均匀延伸率与正的应变硬化率，这点在其他等径通道挤压后材料中并不多见。Haase 在 300℃下挤压 FeMnCAl 型 TWIP 钢时也发现了相似的均匀延伸率与应变硬化阶段，但应变硬化率不为正，考虑到研究工作中各道次挤压后的微观组织及变形机制，这点可以解释。首先，从图 3-24 的 EBSD 分析可以看出，1 道次挤压后虽然产生了大量含有亚晶与形变孪晶的伸长晶粒，但仍然有许多晶粒并不包含上述缺陷。这与 Barbier 的研究非常相似，在他的研究中，Barbier 将拉伸与剪切实验进行了比较。经过分析，在剪切实验中，70%的晶粒产生了孪晶，而在拉伸实验中，有 90%的晶粒至少激活了一次孪晶。另外，Haase 在对 1 道次挤压后的 FeMnCAl 系列 TWIP 钢进行研究时将微观组织定义为"双峰"结构，表明部分区域呈现细小晶粒，而部分区域则呈现大晶粒。其次，本研究中在室温条件下进行了拉伸实验，堆垛层错能回到较低数值，这也会增加孪晶的产生几率。再者，拉伸变形时在较低应变下就可以激活二次孪晶。因此，可以通过较小变形量的晶粒与室温下拉伸实验易激活孪晶来解释 1 道次试样中正的应变硬化率。在这个意义上，之前的研究通过对 FeMnCAl 系列 TWIP 钢拉伸过程中微观组织的分析加强了孪晶是 TWIP 钢中主要变形机制的理论。在 Hasse 的研究中，在低应变下(5%~10%)，发现大量形变孪晶与位错胞相互作用的情况。即便是 4 道次挤压后的试样，在 5%~10%应变时依然可以容易地观察到形变孪晶。二次孪晶通常在一次孪晶内部，可能是由于通过等径通道挤压过程施加了较高的应力导致二次孪晶的启动。

在 300℃下 2 道次等径通道挤压后，力学性能表现出同样的规律，即强度的增加与总延伸率的降低。这些都与微观组织的改变有关，在图 3-25 的 EBSD 分析中，由于位错的作用，亚晶尺寸急剧减小。在图 3-30 的透射电镜分析中也观察到了形变孪晶的产生，而且必须指出的是大量二次纳米孪晶的产生。正是由于这些孪晶的产生对位错运动路径的阻碍引起了加压后 TWIP 钢强度的提高。

2 道次挤压后试样的应变硬化能力与 1 道次相似，在应变 0.11 前应变硬化总体呈降低趋势，但在中间阶段应变硬化有短暂上升，如图 5-12(f)所示。如之前所述，这样优良的性能与室温条件下进行拉伸实验孪晶是主要变形机制有关。在这个情况下，由于没有中间回复阶段，本研究中 TWIP 钢的相应要比其他挤压后 FeMnCAl 型 TWIP 钢应变硬化能力略强。将两个研究的 FeMnCAl 型 TWIP 钢微观组织进行比较可知，似乎很难找到应变硬化不同的原因。但是可能由于等径通道挤压过程的不同，导致了应变硬化的不同。本研究中挤压模具的外角 $\psi=37°$，所以每道次的真实应变为 1.0，而在文献中真实应变为 1.155。另外，没研究中 TWIP 钢更容易启动二次孪晶，尤其是 2 道次与 4 道次试样，这也对应变硬化能力有很大作用。

而对于 FeMnC 型 TWIP 钢，其应变硬化能力要高于所研究的 FeMnCAl 型 TWIP 钢，这主要是由于 FeMnC 型 TWIP 钢更强的孪晶启动能力导致的。但是，FeMnC 型 TWIP 钢在 300℃下等径通道挤压后，应变硬化能力不断降低，这可能是由于高温挤压后孪晶激活能力很快耗尽所致。

最后，经4道次挤压的TWIP钢呈现了更高的强度与进一步降低的延伸率，这与EBSD及TEM微观组织分析中较大程度的晶粒细化息息相关。在之前1道次与2道次挤压过程中形成的亚晶逐渐变成等轴状态的细小新晶粒，位错胞尺寸也逐渐减小到100nm左右，孪晶的厚度只有30~40nm，另外，从表5-1中看出位错密度在3道次和4道次中提升并不明显，从所有这些微观组织观察的结论可以得出所研究的TWIP钢在4道次后晶粒细化的能力明显降低。然而，4道次后的TWIP钢依然表现出正的应变硬化率及7%的断裂延伸率。

对本研究中的TWIP钢和Haase研究中FeMnCAl型TWIP钢进行比较会有助于更高的解释其性能。在Haase的研究中，TWIP钢的微观组织细化程度更高一些，这可能是由于其每道次所施加的等效应变更大的原因所导致。需要指出的是在这样的条件下，依然可以看到形变孪晶与二次孪晶，这也反映在延伸率与短暂的应变硬化率上。本研究中，拉伸过程中应该也发生孪晶变形，这才可以解释其正的应变硬化率及7%的断裂延伸率。再者，TWIP钢的应变硬化与延伸率也与断口形貌研究结果相符，如图中5-7所示的大量韧窝。

5.2.5 等径通道挤压温度对应变硬化能力的影响

本书中TWIP钢室温等径通道挤压后拉伸过程中$\ln(d\sigma/d\varepsilon)-\ln\sigma$点图如图5-13所示，可以看出，室温条件的挤压过程对应变硬化行为影响很大。相比于300℃挤压后的试样（图5-11），室温条件下试样在拉伸过程中应变硬化能力降低很快。通过图3-20与图3-23的EBSD及TEM分析可知，只有较少的晶粒没有缺陷。因此，当拉伸实验进行时，形成形变孪晶与位错滑移的能力较低，相应的应变硬化能力也较弱。

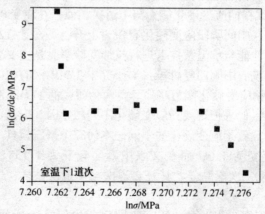

图5-13 室温等径通道挤压后TWIP钢拉伸过程中$\ln(d\sigma/d\varepsilon)-\ln\sigma$点图

5.3 等径通道挤压后 TWIP 钢本构模型的建立

5.3.1 Ludwik 和 Hollomon 本构模型

第一个应力-应变的模型是由 Ludwik 在 1909 年提出的,其经验公式可以写为

$$\sigma = \sigma_0 + K_L \varepsilon^{n_L} \tag{5.7}$$

式中 σ——真实应力;

σ_0——屈服强度;

ε——真实应变;

K_L 和 n_L——应变硬化的两个参数。

Ludwik 模型主要用于拟合具有明确的屈服强度的材料。在本书中,Ludwik 模型用于模拟 TWIP 钢在均匀化退火状态下的试样。图 5-14 给出了 Ludwik 模型的模拟曲线,相应参数在表 5-4 中。可以看出,拟合曲线与实验曲线吻合较好,偏差控制在 4.2% 以内。

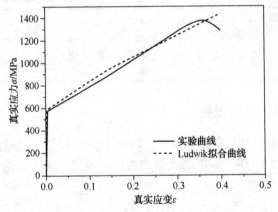

图 5-14 均匀化退火状态下 TWIP 钢的 Ludwik 模型拟合

表 5-4 Ludwik 模型拟合参数

参数	σ_0	K_L	n_L
取值	590	1893	0.85

1945 年,Hollomon 为了进行简化,消除了 Ludwik 模型中的参数 σ_0,得到了两参数(K_H 与 n_H)的表达式:

$$\sigma = K_H \varepsilon^{n_H} \tag{5.8}$$

本书中,Hollomon 模型用于对等径通道挤压后试样的拉伸曲线进行拟合,拟

合曲线与拟合参数分别在图 5-15(a) 与表 5-5 中给出。Hollomon 模型的应用具有很好的拟合效果,不同挤压道次实验曲线的塑性区偏差小于 3.4%。图 5-15(b) 表示了 $\ln\sigma$-$\ln\varepsilon$ 曲线,其相应的斜率是用来确定 Ludwik 模型中的 n_L 与 Hollomon 模型中的 n_H。

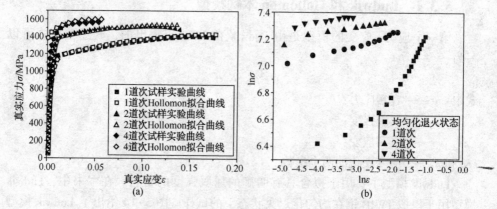

图 5-15 等径通道挤压后材料的 Hollomon 模型拟合

表 5-5 等径通道挤压后材料的 Hollomon 模型拟合参数

等径通道挤压道次	K_H	n_H
1 道次	1630	0.08
2 道次	1700	0.048
4 道次	1800	0.04

5.3.2 Swift 本构模型

由于 Hollomon 模型只有两个参数,因此他被认为是一个描述材料的较为简单的模型。之后的 10 年,Swift 通过引入系数 ε_0 提出了一个新的模型,将预变性考虑在内:

$$\sigma = K_S(\varepsilon + \varepsilon_0)^{n_S} \tag{5.9}$$

Swift 模型拟合曲线与拟合参数分别在图 5-16 与表 5-6 中给出,拟合结果较好,偏差小于 2.6%。

表 5-6 不同等径通道挤压条件下的 Swift 本构拟合参数

等径通道挤压道次	K_S	n_S	ε_0
均匀化退火状态	2250	0.7	0.13
1 道次	1680	0.1	0.02
2 道次	1690	0.05	0.02
4 道次	1780	0.045	0.02

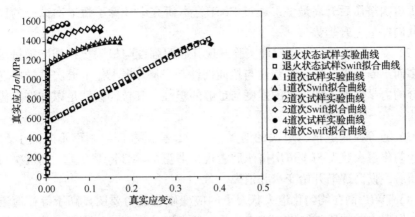

图 5-16　不同等径通道挤压条件下的 Swift 本构拟合曲线

应变硬化指数(n 值)是用来表示材料应力应变中应变硬化行为的一个系数。指数 n 在金属材料的成形过程中起着关键的作用，该参数控制材料在屈服于拉伸应力时的塑性变形量。对两种不同模型的应变硬化指数的变化总结如图 5-17 所示。很明显，经过等径通道挤压之后，n 值急剧降低。对于均匀化退火状态下的 TWIP 钢，n 值较高，说明其应变硬化能力很强，这点与之前的研究一致。然而，等径通道挤压后材料应变硬化不断降低，这主要有两方面原因：①由于极小的晶粒尺寸，孪晶的比例很低，孪晶厚度非常薄，没有足够的孪晶来接收运动位错；②由于严重塑性变形的影响，位错密度显著提高，并且随着拉伸的进行，位错的增殖和湮灭迅速达到动态平衡(位错密度达到饱和)。因此，动态回复对材料软化有一定程度的影响，从而使试样具有较低的应变硬化指数(n 值)。

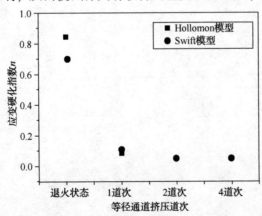

图 5-17　不同等径通道挤压条件下的应变硬化指数(n 值)

本章通过实验研究所获得的主要结论有：
(1) 所研究 TWIP 钢的显微硬度随等径通道挤压过程的进行而不断升高，尤其在 1 道次挤压后升高最多。通过 EBSD，本研究中计算了每道次试样的位错密度，其同样呈上升趋势。

（2）对 TWIP 钢进行微拉伸实验发现其屈服强度与极限抗拉强度随挤压道次的增多而不断升高，但是其塑性与拉伸韧性却呈减小趋势。1 道次试样展现出较为综合的力学性能，即较高的强度与足够的塑性，其拉伸韧性足以和许多传统钢材相比。

（3）随等径通道挤压道次的增多，拉伸试样的断面收缩率不断减小。TWIP 钢在均匀化退火状态与 1 道次挤压后表现出典型的韧性断裂机制；2 道次与 4 道次挤压后，韧窝逐渐开始变窄并消失。

（4）TWIP 钢在均匀化退火状态下的应变硬化能力要明显高于等径通道挤压状态。根据之前的研究结果，应变硬化曲线可以分成不同的阶段，并对应于不同的变形机制。

（5）当在室温条件下进行等径通道挤压时，加工对于屈服强度的影响更加明显（从 590MPa 提高至 1290MPa），同时，延伸率、拉伸韧性与应变硬化率也更大幅度地降低，断口形貌表现了相同的结果。

第6章 超细晶TWIP钢未来研究趋势

为了充分了解超细晶状态下 TWIP 钢的力学性能、应变硬化能力以及微观组织与织构演化，本书中对 TWIP 钢进行了高温等径通道挤压加工(与 1 道次室温等径通道挤压加工)。通过金相显微镜、EBSD 分析、TEM 分析，系统地对 TWIP 钢微观组织与织构演化进行了研究。还通过显微硬度测试与微拉伸力学性能测试研究了不同晶粒尺寸下 TWIP 钢的力学性能。

TWIP 钢设计的初衷在于满足汽车工业中对车用结构材料的性能要求，所以未来超细晶 TWIP 钢的研究趋势应该更倾向于汽车工业领域。在汽车安全研究中，无法回避的一个问题是绝大部分汽车碰撞都是具有一定速度的冲击过程，要充分考虑冲击载荷的作用情况，此类载荷的特点是作用时间短、应变速率高。Frommeyer 曾总结了关于成分为 Fe-25Mn-3Al-3Si 的粗晶 TWIP 钢力学性能随应变率变化的曲线。随着应变率的提高，屈服强度逐渐从 $\dot{\varepsilon} \approx 10^{-4} s^{-1}$ 下的 250MPa 提高到 $\dot{\varepsilon} \approx 1.5 \times 10^{3} s^{-1}$ 下的 530MPa。应变率超过 $10^{-2} s^{-1}$ 后，抗拉强度提升明显，从 600MPa 提高到 800MPa。应变率在 $10^{-1} s^{-1}$ 之前，均匀延伸率和断裂延伸率随应变率的提升而降低。在经过最小值(应变率超过 $10^{-2} s^{-1}$)之后，均匀延伸率略微降低。断裂延伸率在应变率为 $1.5 \times 10^{3} s^{-1}$ 时达到最大值 80%，通过 XRD 检测到其中并未发生相的转变。均匀延伸率在 $10^{-1} s^{-1}$ 应变率下出现最低点是由于绝热对孪晶生成产生了影响，使得材料变形机制更倾向于位错滑移。然而，在应变率达到 $10^{2} \sim 10^{3} s^{-1}$ 时，由于加载时间短，试样中并没有产生明显的绝热温升，所以孪生机制维持了较高的延伸率。由此可以看出，传统粗晶 TWIP 钢在高应变率下的力学行为与准静态下相比有较大不同，其动态变形机理与失效分析研究有待完善。

通过本书之前的研究工作发现，当 TWIP 钢中的晶粒达到超细晶尺寸范围后，其准静态力学性能相比于粗晶 TWIP 钢有了很大的变化。主要表现在屈服强度的大幅提升(可从<600MPa 提升至 1100~1500MPa)及断裂延伸率的降低。在 TWIP 钢中的晶粒从~100μm 细化至~0.5μm 的过程中,形变孪晶始终存在,在晶粒尺寸达到超细晶范围时,孪晶厚度达到 30~40nm,并且经过准静态拉伸研究发现,这些纳米级孪晶是维持超细晶 TWIP 钢应变硬化的重要因素。可以相信,超细晶 TWIP 钢在高应变率下的力学性能也与粗晶 TWIP 钢差异也将较大,很难通过以上对粗晶 TWIP 钢的研究来推测其在超细晶尺寸范围内的动态力学性能。

目前,对于超细晶 TWIP 钢在高应变率下的力学性能及其变形机理还很缺乏研究,尤其是对于动态失效机制——绝热剪切失稳的研究,另外,完整的 TWIP 钢动态塑性本构关系的建立也是必不可少。

为了揭示超细晶 TWIP 钢在高应变率下的力学性能与变形及失效机理,未来关于超细晶 TWIP 钢的研究需要继续围绕如下科学问题进行更加深入的研究:①不同晶粒尺寸 TWIP 钢在高应变率下的力学行为与机理研究。通过分离式霍普金森拉杆(Split Hopkinson bar)实现不同晶粒尺寸 TWIP 钢的动态加载,主要研究超细晶 TWIP 钢在 10^2 ~ $10^4 s^{-1}$ 应变率范围内的拉伸力学性能,并研究其变形机制。将动态下的力学性能与准静态下的拉伸力学性能进行对比:力学性能研究包括高应变率下的屈服强度、抗拉强度、延伸率、应变硬化率、应变率敏感性;变形机理研究主要通过透射电镜(TEM)分析不同晶粒尺寸 TWIP 钢中孪晶对于动态力学性能的影响规律。②不同晶粒尺寸 TWIP 钢绝热剪切敏感性与剪切带(Adiabatic Shear Band,ASB)内组织结构特征研究。金属材料在高应变速率下的变形过程可视为绝热过程,局部变形伴有高的温度升高,如果温升引起的强度下降大于应变硬化引起的强度增加,就会发生绝热失稳。由于不同晶粒尺寸下的 TWIP 钢应变硬化能力不同,他们对于高应变率下的绝热剪切敏感性也将有所差异。通过断裂试样的 EBSD 及 TEM 分析,研究不同晶粒尺寸 TWIP 钢的动态失效机制,即绝热剪切敏感性及绝热剪切带内是否发生相变,考察剪切带内的微观形貌与取向差。另外,剪切带内是否由于温升发生相变,以及剪切带内的微观结构特征与演化规律也是这部分研究的主要内容。③为 TWIP 钢建立适用于动态塑性行为的本构关系。可以基于 Johnson-Cook 本构模型、Cowper-Symonds 本构模型建立 TWIP 钢在高应变率下的塑性本构关系。通过与实验数据的比较,提高模型精度,为工程模拟提供参考数据。

另外,通过 ECAP 挤压技术,材料的屈服强度提升,但塑性、韧性以及应变硬化能力却呈降低趋势。适当短时的退火对于细晶、超细晶材料有着晶粒均匀化并提高塑性、韧性的作用,同时只是少量、均匀地降低强度。未来的科研方向可以探索适于超细晶 TWIP 钢的退火时间与温度,以达到提高塑性及增韧的效果。

"十三五"时期是我国全面建成小康社会和进入创新型国家行列的决胜阶段。

我国为加快推动材料领域科技创新和产业化发展，特制定了一系列长期发展规划文件，如《国家中长期科学和技术发展规划纲要(2006—2020年)》《国家创新驱动发展战略纲要》《"十三五"国家科技创新规划》和《中国制造2025》。

材料服务于国民经济、社会发展、国防建设和人民生活的各个领域，成为经济建设、社会进步和国家安全的物质基础和先导，支撑了整个社会经济和国防建设。因此，新材料技术是世界各国必争的战略性新兴产业，成为当前最重要、发展最快的科学技术领域之一。"一代装备，一代材料"向"一代材料，一代装备"转变，彰显了材料的战略作用。

对于高强度钢的研究一直是材料研究的重点之一，TWIP钢作为在汽车、军工、建筑等领域极具潜力的钢材，需要得到科研人员的重视，以通过科学机理指导其在工程中的应用。未来对TWIP钢在高应变速率下的动态力学性能研究将使其能更好地服务于汽车等工业领域。相信对这种先进材料的深入研究既可促进我国战略性新兴产业的形成与发展，又将带动传统产业和支柱产业的技术提升和产品的更新换代。

参 考 文 献

[1] S. Keeler. Sc. D. Mechanical Metallurgy Menachem Kimchi, M. Sc. Welding Engineering. Advanced high strength steel (AHSS) application guidelines. World auto steel, version 5, 2014S.

[2] G. Frommeyer, E. J. Drewes, B. Engl. Physical and mechanical properties of iron-aluminum-(Mn, Si) lightweight steels. Revue de Métallurgie, 2000, 97(10): 1245-1253.

[3] R. A. Hadfield. Hadfield´s manganese steel, Science, 1888; 12(306): 284-286.

[4] J. H. Hall. Trans AIME Iron Steel Div 1929: 382.

[5] V. N. Krivobok. Trans ASST 1929: 893.

[6] W. Tofaute, K. Linden. Transformations in solid state of manganese steels containing to 1.2%C and 17%Mn. Arch Eisenhuttenwes, 1936, 10: 515-519.

[7] P. Chévenard. Métaux, 1935, 10: 203.

[8] A. R. Troiano, F. T. McGuire. A Study of the Iron-rich Iron-manganese Alloys, Transactions, American Society for Metals, 1943, 31: 340-364.

[9] W. Schmidt. Arch Eisenhuttenwes 1929-1930, 3: 293.

[10] H. C. Doepken. J Met 1952: 166.

[11] H. M. Otte. The formation of stacking faults in austenite and its relation to martensite. Acta Metallurgica, 1957, 5: 614-627.

[12] C. H. White, R. W. K. Honeycomb. JISI 1962, 200: 457.

[13] K. S. Raghavan, A. S. Sastri, M. J. Marcinkovski. Trans AIME 1969, 245: 1569.

[14] W. N. Roberts. Deformation Twinning in Hadfield Steel. Trans AIME 1964, 230: 372.

[15] A. S. Sastri. Proc 3rd ICSMA, Institute of Metals, England: Cambridge, 1973, 2: 175.

[16] G. Colette, C. Crussard, A. Kohn, J. Plateau, G. Pomey, M. Weiz. Contribution á l'étude austenites a 12% Mn. Revue de Metallurgie, 1957; 54(6): 433-486.

[17] W. Prause, H. J. Engell, Z. Metallkd, 1971, 62: 427.

[18] L. Rémy, PhD thesis, Université Paris Sud, Paris, 1975.

[19] J. Charles, A. Berzhegan, A. Lutts, P. L. Dancoisne. New Cryogenic Materials-Fe-Mn-Al Alloys. Metal Progress, 1981, 119(6): 71-74.

[20] Y. G. Kim, Y. S. Park, J. K. Han. Low temperature mechanical behavior of microalloyed and controlled rolled Fe-Mn-Al-C-X alloys. Metallurgical Transactions A, 1985, 16(9): 1689-1693.

[21] Y. G. Kim, J. K. Han, E. W. Lee. Effect of aluminum content on low temperature tensile properties in cryogenic Fe/Mn/Al/Nb/C steels. Metallurgical Transactions A, 1986, 17(11): 2097-2098.

[22] Y. G. Kim, T. W. Kim, S. B. Hong. In: Proc. ISATA conference 1993, Aachen, Germany: 269.

[23] G. Frommeyer, U. Brux, P. Neumann. Supra-ductile and high strength manganese TRIP/TWIP steels for high energy absorption purposes. ISIJ International, 2003, 43(3): 438-446.

[24] S. H. Hong, Y. S. Han. The effects of deformation twins and strain-induced ε-martensite on mechanical properties of an Fe-32Mn-12Cr-0. 4C cryogenic alloy. Scripta Metallurgica et Materialia, 1995, 32(9): 1489-1494.

[25] A. S. Hamada. PhD Tesis: Manufacturing, Mechanical Properties and Corrosion Behavior of High-Mn TWIP Steels, Universitatis Ouluensis.

[26] A. Dumay, J. P. Chateau, S. Allain, S. Migot, O. Bouaziz. Influence of addition elements on the stacking-fault energy and mechanical properties if an austenitic Fe-Mn-C steel. Materials Science and Engineering A, 2008, 483-484: 183-187.

[27] J. Friedel. Dislocations: J. Friedel: (International Series of Monographs on Solid State Physics, vol. 3). Pergamon Press, Oxford, Gauthier-Villars, Paris, 1964: XXII+491.

[28] D. Hull. Deformation twinning, proceedings of a metallurgical society conference. Gainesville, Floride, Gordon and Breach Science, New-York, 1964.

[29] T. E. Mitchell, J. P. Hirth. The shape, configuration and stress field of twins and martensite plates, Acta Metallurgica Et Materialia, 1991, 39(7): 1711-1717.

[30] P. Müllner. On the Interaction of Grain Boundaries and Triple Junctions with a Free Surface, Solid State Phenom, 2002, 87(1): 201-234.

[31] S. Allain, J. P. Chateau, D. Dahmoun, O. Bouaziz. Modeling of mechanical twinning in a high manganese content austenitic steel, Materials Science and Engineering A, 2004, 387(1): 272-276.

[32] S. Allain, J. P. Chateau, O. Bouaziz, S. Migot, N. Guelton. Correlations between the calculated stacking fault energy and the plasticity mechanisms in Fe-Mn-C alloys, Material Science and Engineering A, 2004, 387-389: 158-162.

[33] Y. N. Petrov. On the electron structure of Mn-, Ni- and Cr-Ni-Mn austenite with different stacking fault energy. Scripta Mater, 2005, 53(10): 1201-1206.

[34] S. Allain, Ph. D. Thesis, INPL, Nancy, 2004.

[35] L. Li, T. Y. Hsu. Gibbs free energy evaluation of the fcc (γ) and hcp (ε) phases in Fe-Mn-Si alloys. Calphad-computer Coupling of Phase Diagrams & Thermochemistry, 1997, 21(3): 443-448.

[36] Y. S Zhang, X. Lu, X. Tian, Z. Qin. Compositional dependence of the Néel transition, structural stability, magnetic properties and electrical resistivity in Fe-Mn-Al-Cr-Si alloys. Material Science and Engineering A, 2002, 334(1): 19-27.

[37] Y. Ishikawa, Y. Endoh. Antiferromagnetism of γ-FeMn Alloys Journal of Applied Physics, 1968, 39(2): 1318-1319.

[38] S. Chen, C. Y. Chung, C. Yan, T. Y. Hsu. Effect of f. c. c. antiferromagnetism on martensitic transformation in Fe-Mn-Si based alloys. Material Science and Engineering A, 1999, 264(1-2): 262-268.

[39] X. Wu, T. Y. Hsu. Effect of the Neel temperature, TN, on martensitic transformation in Fe-Mn-Si based shape memory alloys. Materials Characterization, 2000, 45(2): 137-142.

[40] Z. L. Mi, D Tang, L. Yan, J. Guo. Study of high strengh and high plasticity TWIP steel.

Iron and steel, 2005, 40 (1): 58-60.

[41] S. Vercammen, B. Blanpain, B. C. Cooman, P. Wollants. Cold rolling behaviour of an austenitic Fe – 30Mn – 3Al – 3Si TWIP steel: the importance of deformation twinning. Acta Materialia, 2004, 52(7): 2005-2012.

[42] O. Bouaziz, N. Guelton. Modelling of TWIP effect on work-hardening. Material Science and Engineering A, 2001, 319(15): 246-249.

[43] M. N Shiekhelsouk, V. Favier, K. I. Cherkaoui. Modelling the behaviour of polycrystalline austenitic steel with twinning-induced plasticity effect. M. International Journal of Plasticity, 2009, 25(1): 105-133.

[44] B. C. De Cooman, K. Chin, J. K. Kim. High Mn TWIP Steels for automotive applications. New Trends and Developments in Automotive System Engineering, Tech open, 2011: 101-127.

[45] G. Gigacher, R. Poerer, J. Wiener, C. Bernhard. Metallurgical aspects of casting High-Manganese steel grades. Advanced Engineering Materials, 2006, 8(11): 1096-1100.

[46] O. Grassel, L. Ruger, G. Frommeyer, et al. High strength Fe-Mn-(Al, Si) TRIP/ TWIP steels development properties application. International Journal of Plasticity, 2006, 16 (3): 1391.

[47] X. H. Liu, W. Liu, J. B. Liu, K. Y. Shu. Current Situation of the TWIP Steel. Materials Review, 2010, 24 (6): 102-105.

[48] Y. J. Dai, Z. L. Mi, D. Tang. Organization and Properties of Fe-Mn-C TWIP steel, Shang Hai metal, 2007, 25(9): 132.

[49] Kriangyut Phiu-on. Deformation mechanisms and mechanical properties of hot rolled Fe-Mn-C-(Al)-(Si) austenitic steels. Samutprakan: RWTH Aachen, 2008.

[50] S. Allain, O. Bouaziz, J. P. Chateau. Proc international conference SHSS. Italia: Verona, 2010.

[51] V. H. Schumann. Neue Hütte, 1972, 17: 605-609.

[52] L. Bracke, L. Kestens, J. Penning. Direct observation of the twinning mechanism in an austenitic Fe-Mn-C steel, Scripta Materialia, 2009, 61(2): 220-222.

[53] J. W. Christian, S. Mahajan. Prog Mater Sci, 1995, 39: 1-157.

[54] I. Gutierrez-Urrutia, S. Zaefferer, D. Raabe. The effect of grain size and grain orientation on deformation twinning in a Fe-22 wt. % Mn-0.6 wt. % C TWIP steel, Materials Science and Engineering A, 2010, 527: 3552-3560.

[55] I. Karaman, H. Sehitoglu, K. Gall, Y. I. Chumlyakov, H. J. Maier. Deformation of single crystal Hadfield steel by twinning and slip, Acta Materialia, 2000, 48: 1345-1359.

[56] M. A. Meyers, O. Vohringer, V. A. Lubarda. The onset of twinning in metals: a constitutive descripton, Acta Materialia, 2001, 49: 4025-3039.

[57] P. Franciosi, F. Tranchant, J. Vergnol. On the twinning initiation criterion in Cu+Al alpha single crystals—II. Correlation between the microstructure characteristics and the twinning initiation, AActa Metallurgica Et Materialia, 1993, 41(5): 1543-50.

[58] S. V. Lubenets, V. I. Starsev, L. S. Fomenko. Phys State Solidi 1985, 95: 11-55.

[59] J. W. Christian. The nucleation of mechanical twins and of martensite. In: Argon S, editor. Physics of strength and plasticity. London, England: MIT Press, 1969: 85-95.

[60] J. A. Venables. Deformation twinning in fcc metals. In: Deformation twinning, proceedings of a metallurgical society conference. Gainesville, Floride, USA 1963. New - York, USA: Gordon and Breach Science, 1964: 77-116.

[61] T. S. Byun. On the stress dependence of partial dislocation separation and deformation microstructure in austenitic stainless steels, Acta Materialia, 2003, 51(11): 3063-3071.

[62] D. Barbier, N. Gey, S. Allain, N. Bozzolo, M. Humbert, Analysis of the tensile behavior of a TWIP steel based on the texture and microstructure evolutions. Material Science and Engineering A, 2009, 500(1): 196-206.

[63] X. Liang, J. R. Mcdermid, O. Bouaziz, X. Wang, J. D. Embury, H. S. Zurob. Microstructural evolution and strain hardening of Fe - 24Mn and Fe - 30Mn alloys during tensile deformation, Acta Materialia, 2009, 57(13): 3978-3988.

[64] H. Idrissi, K. Renard, D. Schryvers, P. J. Jacques. On the relationship between the twin internal structure and the work-hardening rate of TWIP steels, Scripta Materialia, 2010, 63 (10): 961-964.

[65] J. Kim, Y. Estrin, H. Beladi, S. Kim, K. Chin, B. C. De Cooman. Constitutive Modeling of TWIP Steel in UniAxial Tension, Materials Science Forum, 2010, 654-656: 270-273.

[66] J. K. Kim, L. Chen, H. S. Kim, S. K. Kim, Y. Estrin, B. C. De Cooman. On the Tensile Behavior of High - Manganese Twinning - Induced Plasticity Steel, Metallurgical & Materials Transactions A, 2009, 40(13): 3147-3158.

[67] G. Dini, A. Najafizadeh, R. Ueji, S. M. Monir-Vaghefi. Improved tensile properties of partially recrystallized submicron grained TWIP steel, Materials Letters, 2010, 64(1): 15-18.

[68] S. Kang, Y. S. Jung, J. H. Jun, Y. K. Lee. Effects of recrystallization annealing temperature on carbide precipitation, microstructure, and mechanical properties in Fe-18Mn-0.6C-1.5Al TWIP steel, Materials Science and Engineering A, 2010, 527(3): 745-751.

[69] O. Bouaziz, C. P. Scott, G. Petitgand. Nanostructured steel with high work-hardening by the exploitation of the thermal stability of mechanically induced twins, Scripta Materialia, 2009, 60 (8): 714-716.

[70] L. Bracke. Ph. D. thesis, University of Ghent, 2006.

[71] R. Viscorova, J. Kroos, V. Flaxa, J. Wendelstorf, K. H. Spitzer. In: Proc. of IDDRG conference, 2004.

[72] C. Scott, N. Guelton, S. Allain, M. Faral. The development of a new Fe-Mn-C austenitic steel for automotive applications, Revue De Métallurgie-CIT, 2006, 103(6): 293-302.

[73] C. Scott, B. Remy, J. L. Collet, A. Cael, C. Bao, F. Danoix, et al. Precipitation strengthening in high manganese austenitic TWIP steels, International Journal of Materials Research (formerly Z Metallkd) 2011, 102(5): 538-549.

[74] O. A. Atasoy. Z Metallkd, 1984, 75: 463.

[75] O. A. Atasoy, K. Ozbaysal, O. T. Inal. Precipitation of vanadium carbides in 0.8% C-13%

Mn-1% V austenitic steel, Journal of Materials Science, 1989, 24(4): 1393-1398.

[76] M. C. Chaturvedi, R. W. K. Honeycombe, D. H. Warrington. J. Iron Steel Institute, 1968, 206: 1236.

[77] H, El-Faramawy. Steel Grips, 2005, 3(5): 360.

[78] S. J. Harris, N. R. Nag. Effect of warm working on the precipitation of vanadium carbide in a medium carbon austenitic steel, Journal of Materials Science, 1976, 11(7): 1320-1329.

[79] K. Hee Han. Materials Science Engineering A, 2000, 279: 1.

[80] T. Furuhara, T. Shinyoshi, G. Miyamoto, J. Yamaguchi, N. Sugita, N. Kimura, et al. Multiphase Crystallography in the Nucleation of Intragranular Ferrite on MnS+V(C, N) Complex Precipitate in Austenite, ISIJ International, 2003, 43(12): 2028-2037.

[81] Z. Guo, T. Furuhara, T. Maki. The influence of (MnS+VC) complex precipitate on the crystallography of intergranular pearlite transformation in Fe-Mn-C hypereutectoid alloys, Scripta Materialia, 2001, 45(5): 525-532.

[82] Z. Guo, N. Kimura, S. Tagashira, T. Furuhara, T. Maki. Kinetics and Crystallography of Intragranular Pearlite Transformation Nucleated at (MnS+VC) Complex Precipitates in Hypereutectoid Fe-Mn-C Alloys, ISIJ International, 2002, 42(9): 1033-1041.

[83] S. Kajiwara, D. Liu, T. Kikuchi, N. Shinya. Remarkable improvement of shape memory effect in Fe-Mn-Si based shape memory alloys by producing NbC precipitates, Scripta Materialia, 2001, 44(12): 2809-2814.

[84] H. Kubo, K. Nakamura, S. Farjami, T. Maruyama. Characterization of Fe-Mn-Si-Cr shape memory alloys containing VN precipitates, Materials Science and Engineering A, 2004, 378(1): 343-348.

[85] H. Masumoto, H. Yoshimura, T. Akasawa, S. Ohba, T. Harada, K. Suemune, et al. Nippon Steel Technical Report, 1983, 22: 47.

[86] K. H. Miska. Mater Eng, 1977, 8-77: 42.

[87] V. V. Sagaradze, I. I. Kositsyna, M. L. Mukhin, Y. V. Belozerov, Yu. R. Zaynutdinov. High-strength precipitation-hardening austenitic Fe-Mn-V-Mo-C steels with shape memory effect, Materials Science and Engineering A, 2008, 481(21): 747-751.

[88] A. K. Srivastava, K. Das. Microstructural and mechanical characterization of in situ TiC and (Ti, W)C-reinforced high manganese austenitic steel matrix composites, Materials Science and Engineering A, 2009, 516(1): 1-6.

[89] Y. Yazawa, T. Furuhara, T. Maki. Effect of matrix recrystallization on morphology, crystallography and coarsening behavior of vanadium carbide in austenite, Acta Materialia, 2004, 52(12): 3727-3736.

[90] Y. G. Matveev, V. S. Bukhtin, D. I. Tarasko. Hardening during explosive shock loading of steel 110G13L alloyed with vanadium and modified with titanium, Metal Science and Heat Treatment, 1975, 17(3): 237-239.

[91] A. Dumay. Ph. D. thesis, Institut National Polytechnique de Lorraine, 2008.

[92] J. L. Collet. Ph. D thesis, Institut Polytechnique de Grenoble, 2009.

[93] M, Wilkens. Phys Status Solidi B, 1970: 171.

[94] O. Bouaziz, S. Allain, C. Scott. Effect of grain and twin boundaries on the hardening mechanisms of twinning-induced plasticity steels. Scripta Materialia, 2008, 58(6): 483-487.

[95] O. Bouaziz, S. Allain, C. P. Scott, P. Cugy, D. Barbier. High manganese austenitic twinning induced plasticity steels: A review of the microstructure properties relationships. Current Opinion in Solid State and Materials Science, 2011, 15(4): 141-168.

[96] H. Gleiter. Nanocrystalline Materials. Nanocrystalline Materials, Progress in Materials Science, 1989, 33(4): 223-315.

[97] H. Gleiter. Nanostructured materials: basic concepts and microstructure. Acta Materialia, 2002, 48: 1-29.

[98] Y. T. Zhu, T. C. Lowe, T. G. Langdon. Performance and applications of nanostructured materials produced by severe plastic deformation, Scripta Materialia, 2004, 51(8): 825-830.

[99] H. Gleiter. In: N. Hansen, A. Horsewell, T. Leffers, H. Lilholt, editors. Deformation of polycrystals: Mechanisms and microstructures. Roskilde, Denmark: National Laboratory, 1981: 15.

[100] U. Erb, A. M. El-Sherik, G. Palumbo, K. T. Aust. Synthesis, structure and properties of electroplated nanocrystalline materials, Nanostructured Materials, 1993, 2(4): 383-390.

[101] C. C. Koch, Y. S. Cho. Nanocrystals by high energy ball milling, Nanostructured Materials, 1992, 1(3): 207-212.

[102] M. J. Luton, C. S. Jayanth, M. M. Disko, S. M. J. Vallone. Cryomilling of Nano-Phase Dispersion Strengthened Aluminum, Mrs Proceedings, 1988, 132: 79.

[103] D. B. Witkin, E. J. Lavernia. Synthesis and mechanical behavior of nanostructured materials via cryomilling, Progress in Materials Science, 2006, 51(1): 1-60.

[104] B. Q. Han, D. Matejczyk, F. Zhou, Z. Zhang, C. Bampton, E. J. Lavernia, et al. Mechanical behavior of a cryomilled nanostructured Al-7.5 pct Mg alloy, Metallurgical and Materials Transactions A, 2004, 35(3): 947-949.

[105] R. Z. Valiev, R. R. Mulyukov, V. V. Ovchinnikov. Direction of a grain-boundary phase in submicrometre-grained iron, Philosophical Magazine Letters, 1990, 62(4): 253-256.

[106] R. Z. Valiev, N. A. Krasilnikov, N. K. Tsenev. Plastic deformation of alloys with submicron-grained structure, Materials Science and Engineering A, 1991, 137(C): 35-40.

[107] R. Sh. Musalimov, R. Z. Valiev. Dilatometric analysis of aluminium alloy with submicrometre grained structure, Scripta Metallurgica Et Materialia, 1992, 27(12): 1685-1690.

[108] R. Z. Valiev, R. K. Islamgaliev, I. V. Alexandrov. Bulk nanostructured materials from severe plastic deformation. Progress in Materials Science, 2000, 45(2): 103-189.

[109] M. A. Meyers, A. Mishra, D. J. Benson. Mechanical properties of nanocrystalline materials. Progress in Materials Science, 2006, 51(4): 427-556.

[110] Z. M. Deng, Y. S. Hong, C. Zhu. Processing method and mechanical properties of SPD nanostructured materials. Advances in mechanics, 2003, 33(1): 56-64.

[111] Z. G. Zhang, S. Hosoda, I. S. Kim, Y. Watanabe. Grain refining performance for Al and Al-Sialloy casts by addition of equal-channel angular pressed Al-5 mass% Ti alloy. Material Science and Engineering A, 2006, 425(1): 55-63.

[112] R. Z. Valiev, T. G. Langdon. Principles of equal-channel angular pressing as a processing tool for grain refinement. Progress in Materials Science, 2006, 51 (7): 881-981.

[113] R. Z. Valiev, I. V. Alexandrov. Nanostructured materials from severe plastic deformation. Nanostructured Materials, 1999, 12(1-4): 35-40.

[114] M. V. Segal, I. V. Reznikov, E. A. Drobyshevskii, I. V. Kopylov. Plastic Working of Metals by Simple Shear. Russ. Met, 1981, 1: 99-105.

[115] V. A. Zhorin, D. P. Shashkin. Microstructural evolution, microhardness and thermal stability of HPT processed Cu. DAN SSSR, 1984.

[116] V. M. Segal. Materials processing by simple shear. Materials Science and Engineering A, 1995, 197(2): 157-164.

[117] Y. Saito, N. Tsuji, H. Utsunomiya, T. Sakai, R. G. Hong. Ultra-Fine Grained Bulk Aluminum Produced by Accumulative Roll-Bonding (ARB) Process, Scripta Materialia, 1998, 39(9): 1221-1227.

[118] Y. Saito, H. Utsunomiya, N. Tsuji, T. Sakai. Novel Ultra-High Straining Process for Bulk Materials-Development of the Accumulative Roll-Bonding (ARB) Process, Acta Materialia, 1999, 47(2): 579-583.

[119] R. Z. Valiev. Structure and Mechanical Properties of Ultrafine-grained Metals, Materials Science and Engineering A, 1997, 234-236(97): 59-66.

[120] J. S. Benjamin, Dispersion strengthened superalloys by mechanical alloying, Metallurgical Transactions, 1970, 1(10): 2943-2951.

[121] C. C. Koch, J. D. Whittenberger. Review of mechanical milling/alloying of intermetallics, Intermetallics, 1996, 4(5): 339-355.

[122] A. Korbel, M. Richert, J. Richert. The Effects of Very High Cumulative Deformation on Structure and Mechanical Properties of Aluminium, Proceedings of Second RISO International Symposium on Metallurgy and Material Science, Roskilde, 1981: 445-450.

[123] J. Richert, M. Richert. A new method for unlimited deformation of metals and alloys, Aluminium 62, 1986: 603-607.

[124] Y. Yoshida, L. Cisar, S. Camado, Y. Kojima. Effect of microstructural factors on tensile properties of ECAE-processed AZ31 magnesium alloy. Journal of Japan Institute of Light Metals, 2002, 52(11): 559-565.

[125] A. Belyakov, K. Tsuzaki, H. Miura, T. Sakai. Effect of initial microstructures on grain refinement in a stainless steel by large strain deformation, Acta Materialia, 2003, 51 (3): 847-861.

[126] J. Y. Huang, Y. T. Zhu, H. Jiang, T. C. Lowe. Microstructures and Dislocation Configurations in Nanostructured Cu Processed by Repetitive Corrugation and Straightening, Acta Materialia, 2001, 49(9): 1497-1505.

[127] J. Huang, Y. T. Zhu, D. J. Alexander, X. Liao, T. C. Lowe, R. J. Asaro, Development of repetitive corrugation and straightening, Materials Science and Engineering A, 2004, 371 (1): 35-39.

[128] Y. Beygelzimer, D. Orlov, V. Varyukhin. A new severe plastic deformation method: Twist Extrusion/Ultrafine Grained Materials II, Proceedings of a Symposium held during the 2002 TMS Annual Meeting I, Seattle, Washington, 2002: 297-304.

[129] D. H. Shin, J. J. Park, Y. -S. Kim, K. T. Park. Constrained groove pressing and its application to grain refinement of aluminium, Materials Science and Engineering A, 2002, 238 (1): 98-103.

[130] K. Nakamura, K. Neishi, K. Kaneko, M. Nakagaki, Z. Horita. Development of Severe Torsion Straining Process for Rapid Continuous Grain Refinement, Materials Transactions, 2004, 45 (12): 3338-3342.

[131] A. K. Ghosh, W. Huang. Severe deformation based process for grain subdivision and resulting microstructures, Investigations and Applications of Severe Plastic Deformation: Proceedings of the NATO Advanced Research Moscow, Russia, 2000: 29-36.

[132] M. Kiuchi. Integrated development of metal forming technologies for ultrafine grained steel, advanced technology of plasticity, Proceedings of the 8th International Conference on Technology of Plasticity (ICTP), Verona, Italy, 2005: 55-70.

[133] A. M. El-Sherik, U. Erb. Synthesis of bulk nanocrystalline nickel by pulsed electrodeposition, Journal of Materials Science, 1995, 30(22): 5743-5749.

[134] J. G. Sevillano, P. V. Houtte, E. Aernoudt. Large Strain Work Hardening and Textures, Progress in Materials Science, 1980, 25(2): 69-412.

[135] Y. M. Wang, E. Ma, M. W. Chen. Enhanced tensile ductility and toughness in nanostructured Cu. Applied Physics Letters, 2002, 80(13): 2395-2397.

[136] T. Suo, K. Xie, Y. L. Li, F. Zhao, Q. Deng Tensile ductility of ultra-fine grained copper at high strain rate. Advanced Materials Research, 2011, 160-162: 260-266.

[137] A. Hohenwarter, R. Pippan. Fracture of ECAP-deformed iron and the role of extrinsic toughening mechanisms. Acta Materialia, 2000, 61 (8): 2973-2983.

[138] V. V. Stolyarov, Y. T. Zhu, I. V. Alexandrov, T. C. Lowe, R. Z. Valiev. Influence of ECAP routes on themicrostructure and properties of pure Ti. Material Science and Engineering A, 2001, 299(1): 59-67.

[139] Z. Y. Liu, G. X. Liang, E. D. Wang, Z. R. Wang, The effect of cumulative large plastic strain on the structure and properties of a Cu-Zn alloy, Materials Science and Engineering A, 1998, 242(1-2): 137-140.

[140] Y. Iwahashi, J. T. Wang, Z. Horita, et al. Principle of equal-channel angular pressing for the processing of ultra-fine grained materials. Scripta Materialia, 1996, 35(2): 143-146.

[141] J. Y. Chang, J. S. Yoon, G. H. Kim. Development of submicron sized grain duringcyclic equal channel angular pressing. Scripta Materialia, 2001, 45(3): 347-354.

[142] M. H. Shih, C. Y. Yu, P. W. Kao, C. P. Chang. Microstructure and flow stress of copper de-

formed to large plastic strains. Scripta Materialia, 2001, 45(7): 793-799.

[143] S. Ferrasse, V. M. Segal, K. T. Hartwig, R. E. Goforth. Development of a sub-micrometer grained microstructure in aluminum 6061 using equal channel angular extrusion. Journal of Materials Research, 1997, 12(5): 1253-1261.

[144] R. Z. Valiev, A. V. Komikov, R. R. Mulyokov. Structure and properties of ultrafine-grained materials produced by severe plastic deformation. Materials Science and Engineering A, 1993, 168(2): 141-148.

[145] H. J. Zughaer, J. Nutting. Deformation of sintered copper and 50Cu-50Fe mixture to large strains by cyclic extrusion and compression. Materials Science and Technology, 2014(12): 1103-1107.

[146] K. Nakashima, Z. Horita, M. Nemoto, T. G. Langdon. Influence of channel angle on the development of ultrafine grains in equal-channel angular pressing. Acta Materialia, 1998, 46(5): 1589-1599.

[147] A. Gholinia, P. B. Prangnell, M. V. Markushev. The effect of strain path on the development of deformation structures in severely deformed aluminium alloys processed by ECAE. Acta Materialia, 2000, 48(5): 1115-1130.

[148] M. Furukawa, Y. Iwahashi, Z. Horita, M. Nemoto. The shearing characteristics associated with equal-channel angular pressing. Materials Science and Engineering A, 1998, 257(2): 328-332.

[149] H. Miyamoto, J. Fushimi, T. Mimaki, A. Vinogradov, et. al. The Effect of the Initial Orientation on Microstructure Development of Copper Single Crystals Subjected to Equal-Channel Angular Pressing. Materials Science Forum, 2006, 503-504: 799-804.

[150] A. Yamashita, D. Yamaguchi, Z. Horita, T. G. Langdon. Influence of pressing temperature on microstructural development in equal-channel angular pressing. Materials Science and Engineering A, 2000, 287(1): 100-106.

[151] H. S. Dong, J. J. Pak, Y. K. Kim, K. T. Park, Y. S. Kim. Effect of pressing temperature on microstructure and tensile behavior of low carbon steels processed by equal channel angular pressing. Materials Science and Engineering A, 2002, 323(1-2): 409-415.

[152] I. Kim, J. Kim, D. H. Shin, C. S. Lee, S. K. Hwang. Effects of equal channel angular pressing temperature on deformation structures of pure Ti. Materials Science and Engineering A, 2003, 342(1-2): 302-310.

[153] Z. Horita, T. Fujinami T, T. G. Langdon. The potential for scaling ECAP: effect of sample size on grain refinement and mechanical properties. Material Science and Engineering A, 2001, 318(1): 33-41.

[154] Y. C. Chen, Y. Y. Huang, C. P. Chang, P. W. Kao. The effect of extrusion temperature on the development of deformation microstructures in 5052 aluminium alloy processed by equal channel angular extrusion, Acta Materialia, 2005, 51(7): 2005-2015.

[155] W. H. Huang, C. Y. Yu, P. W. Kao, C. P. Chang. The effect of strain path and temperature on the microstructure developed in copper processed by ECAE, Materials Science and En-

gineering A, 2004, 366(2): 221-228.

[156] P. Malek, M. Cieslar, R. K. Islamgaliev. The influence of ECAP temperature on the stability of Al-Zn-Mg-Cu alloy, Journal of Alloys and Compounds, 2004, 378(1-2): 237-241.

[157] A. Goloborodko, O. Sitdikov, R. Kaibyshev, H. Miura, T. Sakai. Effect of pressing temperature on fine-grained structure formation in 7475 aluminum alloy during ECAP, Materials Science and Engineering A, 2004, 381(1): 121-128.

[158] Y. Y. Wang, P. L. Sun, P. W. Kao, C. P. Chang. Effect of deformation temperature on the microstructure developed in commercial purity aluminum processed by equal channel angular extrusion, Scripta Materialia, 2004, 50(5): 613-617.

[159] M. Kamachi, M. Furukawa, Z. Horita, T. G. Langdon. A model investigation of the shearing characteristics in equal - channel angular pressing. Materials Science and Engineering A, 2012, 13(5): 1881-1886.

[160] J. C. Lee, H. K. Seok, J. Y. Suh. Microstructural evolutions of the Al strip prepared by cold rolling and continuous equal channel angular pressing. Acta Materialia, 2002, 50(16): 4005-4019.

[161] K. Nakashima, Z. Horita, M. Nemoto, T. G. Langdon. Influence of channel angle on the development of ultrafine grains in equal-channel angular pressing. Acta Materialia, 1998, 46(5): 1589-1599.

[162] P. B. Berbon, M. Furukawa, Z. Horita, M. Nemoto, T. G. Langdon. Influence of Pressing Speed on Microstructural Development in Equal-Channel Angular Pressing. Metall Mater Trans A, 1999, 30(8): 1989-1997.

[163] Y. Iwahashi, J. Wang, Z. Horita, M. Nemoto, T. G. Langdon. An investigation of microstructural evolution during equal-channel angular pressing, Acta Materialia, 1997, 45(11): 4733-4741.

[164] V. M. Segal. Equal channel angular extrusion: from macro mechanics to structure formation, Materials Science and Engineering A, 1999, 271(1-2): 322-333.

[165] D. H. Shin, B. C. Kim, K. T. Park, W. Y. Choo. Microstructural changes in equal channel angular pressed low carbon steel by static annealing. Acta Materialia, 2000, 48(12): 3245-3252.

[166] D. H. Shin, B. C. Kim, Y. S. Kim, K. T. Park. Microstructural evolution in a commercial low carbon steel by equal channel angular pressing. Acta Materialia, 2000, 48(9): 2247-2255.

[167] K. Matsuki, T. Aida, T. Takeuchi, K. Yokoe. Microstructural characteristics and superplastic-like behavior in aluminum powder alloy consolidated by equal-channel angular pressing. Acta Materialia, 2000, 48(10): 2625-2632.

[168] T. Hanlon, Y. N. Kwon, S. Suresh. Grain size effects on the fatigue response of nanocrystalline metals. Scripta Materialia, 2003, 49(7): 675-680.

[169] H. Mughrabi, H. W. Höppel, M. Kautz. Fatigue and microstructure of ultrafine - grained metals produced by severe plastic deformation. Scripta Materialia, 2004, 51(8): 807-812.

[170] A. Yu. Vinogradov, V. V. Stolyarov, S. Hashimoto, et al. Cyclic behavior of ultrafine-

grain titanium produced by severe plastic deformation. Materials Science and Engineering A, 2001, 318(1-2): 163-173.

[171] Y. Liu, Y. Y. Li, D. T. Zhang. Development of Equal-channel Angular Pressing on Metals. Materials Science and Engineering, 2002, 20(4): 613-617.

[172] Y. M. Wang, E. Ma. Strain hardening, strain rate sensitivity, and ductility of nanostructured metals. Materials Science and Engineering A, 2004, 375-377(1): 46-52.

[173] R. Lapovoka, F. H. Dalla Torre, J. Sandlin, C. H. J. Davies, E. V. Pereloma, P. F. Thomson, Y. Estrin. Gradient plasticity constitutive model reflecting the ultrafine micro-structure scale: the case of severely deformed copper. Journal of the Mechanics and Physics of solids, 2005, 53(4): 729-747.

[174] H. Van Swygenhoven, A. Caro. Molecular dynamics computer simulation of nanophase Ni: structure and mechanical properties. Nanostructured Materials, 2003, 9(1-8): 669-672.

[175] C. C. Koch. Ductility in Nanostructured and Ultra Fine-Grained Materials: Recent Evidence for Optimism. Journal of Metastable and Nanocrystalline Materials, 2003, 18: 9-20.

[176] C. C. Koch. Optimization of strength and ductility in nanocrystalline and ultrafine grained metals. Scripta Materialia, 2003, 49(7): 657-662.

[177] E. W. Hart. Theory of the tensile test. Acta Metallurgica, 1967, 15(2): 351-355.

[178] Y. M. Wang, M. W. Chen, F. H. Zhou, E. Ma. High tensile ductility in a nanostructured metal. Nature, 2002, 419 (6910): 912-915.

[179] D. Witkin, Z. Lee, R. Rodriguez, S. Nutt, E. Lavernia. Al-Mg alloy engineered with bimodal grain size for high strength and increased ductility. Scripta Materialia, 2003, 49 (4): 297-302.

[180] C. Xu, M. Furukawa, Z. Horita, T. G. Langdon. Using ECAP to achieve grain refinement, precipitate fragmentation and high strain rate superplasticity in a spraycast aluminum alloy. Acta Materialia, 2003, 51(20): 6139-6149.

[181] E. Bagherpour, M. Reihanian, R. Ebrahimi. On the capability of severe plastic deformation of twining induced plasticity (TWIP) steel. Materials and Design, 2012, 36: 391-395.

[182] I. B. Timokhina, A. Medvedev, R. Lapovok. Severe plastic deformation of a TWIP steel. Materials Science and Engineering A, 2014 593(3): 163-169.

[183] C. X. Huang, K. Wang, S. D. Wu, Z. F. Zhang, G. Y. Li, S. X. Li. Deformation twinning in polycrystalline copper at room temperature and low strain rate. Acta Materialia, 2006, 54 (3): 655-665.

[184] C. X. Huang, Y. L. Gao, G. Yang, Bulk nanocrystalline stainless steel fabricated by equal channel angular pressing. Journal of Materials Research, 2006, 21 (7): 1687-1692.

[185] Z. J. Zhang, Q. Q. Duan, X. H. An, S. D. Wu, G. Yang, Z. F. Zhang, Microstructure and mechanical properties of Cu and Cu-Zn alloys produced by equal channel angular pressing, Materials Science and Engineering A, 2011, 528: 4259-4267.

[186] F. J. Humphreys, M. Hatherly. Recrystallization and Related Annealing Phenomena, Pergamon, Oxford, UK, 1996.

[187] A. Haldar, S. Suwas, D. Bhattacharjee. Microstructure and Texture in Steels: and Other Materials, Jamshedpur, India, 2008.

[188] O. F. Higuera-Cobos, J. A. Berrios-Ortiz, J. M. Cabrera. Texture and fatigue behavior of ultrafine grained copper produced by ECAP, Material Science and Engineering A, 2014, 609(27): 273-282.

[189] C. Haase, S. G. Chowdhury, L. A. Barrales-Mora, D. A. Molodov, G. Gottstein. On the Relation of Microstructure and Texture Evolution in an Austenitic Fe-28Mn-0. 28C TWIP Steel During Cold Rolling. Metallurgical and Materials Transactions A, 2013, 44(2): 911-922.

[190] B. J. Duggan, M. Hatherly, W. B. Hutchinnson, P. T. Wakefield. Deformation structures and textures in cold-rolled 70: 30 brass. Metal Science, 1978, 12(8): 343-351.

[191] W. B. Hutchinnson, B. J. Duggan, M. Hatherly. Development of deformation texture and microstructure in cold-rolled Cu-30Zn. Metals Technology, 1979, 6(1): 398-403.

[192] J. Hirsch, K. Lucke, M. Hatherly, Overview No. 76: Mechanism of deformation and development of rolling textures in polycrystalline f. c. c. Metals-III. The influence of slip inhomogeneities and twinning. Acta Metallurgica, 1988, 36(11): 2905-2927.

[193] A. A. Saleh, E. V. Pereloma, A. A. Gazder. Texture evolution of cold rolled and annealed Fe-24Mn-3Al-2Si-1Ni-0. 06C TWIP steel. Material Science and Engineering A, 2011, 528(13-14): 4537-4549.

[194] I. J. Beyerlein, L. S. Toth. Texture evolution in equal-channel angular extrusion. Progress in Material Science, 2009, 54(4): 427-510.

[195] S. Li, I. J. Beyerlein, M. A. M. Bourke. Texture formation during equal channel angular extrusion of fcc and bcc materials: comparison with simple shear. Material Science and Engineering A, 2005, 394(1): 66-77.

[196] S. Suwas, R. A. Massion, LS. S Toth, J. J. Fundenburger, A. Eberhardt, W. Skrotzki. Evolution of crystallographic texture during equal channel angular extrusion of copper: The role of material variables. Metallurgical and Materials Transactions A, 2006, 37(3): 739-753.

[197] D. A. Hughes, R. A. Lebensohn, H. R. Wenk, A. Kumar. Stacking fault energy and microstructure effects on torsion texture evolution. Proceedings of the royal society of London Series A, 2000, 456(1996): 921-953.

[198] C. Haase, O. Kremer, W. P. Hu, T. Ingendahl, R. Lapovok, D. A. Molodov. Equal-channel angular pressing and annealing of a twinning-induced plasticity steel: Microstructure, texture, and mechanical properties, Acta Materialia, 2016, 107: 239-253.

[199] D. Barbier, V. Favier, B. Bolle. Modelling the deformation textures and microstructural evolutions of a Fe-Mn-C TWIP steel during tensile and shear testing, Material Science and Engineering A, 2012, 540(4): 212-225.

[200] S. G. Chowdhury, J. Gubizca, B. Mahato, N. Q. Chinh, Z. Hegedus, T. G. Langdon. Texture evolution during room temperature ageing of silver processed by equal-channel angular pressing, Scripta Materialia, 2011, 64(11): 1007-1010.

[201] W. Skrotzky, N. Scheerbaum, C. G. Oertel, R. Arrufat-Massion, S. Suwas, L. S. Toth. Microstructure and texture gradient in copper deformed by equal channel angular extrusion, Acta Materialia, 2007, 55(6): 2013-2024.

[202] S. Li, I. J. Beyerlein, D. J. Alexander, S. C. Vogel. Texture evolution during multipass equal channel angular extrusion of copper: neutron diffraction characterization and polycrystal modelling, Acta Materialia, 2005, 53(7): 2111-2125.

[203] A. A. Gazder, F. D. Torre, C. F. Gu, C. H. J. Davies, E. V. Pereloma. Microstructure and texture evolution of BCC and FCC metals subjected to equal channel angular extrusion, Materials Science and Engineering A 2006, 415(1-2): 126-139.

[204] Skrotzki W, Scheerbaum N, Oertel CG, Brokmeier HG, Suwas S, Toth LS. Texture gradient in ECAP silver measured by synchrotron radiation, Materials Science Forum, 2005, 495-497: 821-826.

[205] S. Suwas, R. Arruffat-Massion, L. S. Tóth, A Eberhardt, J. J. Fundenberger. Evolution of crystallographic texture during equal channel angular extrusion of copper: The role of material variables, Metallurgical and Materials Transactions A, 2003, 37(3): 739-753.

[206] I. J. Beyerlein, L. S. Toth, C. N. Tomé, S. Suwas. Role of twinning on texture evolution of silver during equal channel angular extrusion, Philosophical Magazine, 2007, 87(6): 885-906.

[207] S. Suwas, L. S. Toth, J. J. Fundenberger, T. Grosdidier, W. Skrotzki. Texture Evolution in FCC Metals during Equal Channel Angular Extrusion (ECAE) as a Function of Stacking Fault Energy, Solid State Phenomena, 2005, 105(2): 345-350.

[208] T. H. Courtney. Mechanical Behavior of Materials. Mc Graw Hill, 2000: 16-26.

[209] Z. J. Xu, Y. L. Li, P. Z. Li. Microhardness Investigation of 0Cr18Ni10Ti Stainless Steel Welded Joint. Acta Metallurgica Sinica, 2008, 44(5): 636-640.

[210] W. He, W. Ma, W. Pantleon. Microstructure of individual grains in cold-rolled aluminium from orientation inhomogeneities resolved by electron backscattering diffraction. Material Science and Engineering A, 2008, 494(1-2): 21-27.

[211] J. F. Nye. Some geometrical relations in dislocated crystals. Acta Metallurgica, 1953, 1(2): 153-162.

[212] E. Kroner, Z. Der fundamentale Zusammenhang zwischen Versetzungsdichte und Spannungsfunktionen. Zeitschrift für Physik, 1955, 142(4): 463-475.

[213] E. Kroner, R. Balian, M. Kleman, J. P. Porier (Eds.). Physics of Defects, North-Holland Publishing Company, Amsterdam, 1980: 219-315.

[214] N. K. Tewary, S. K. Ghosh, Supriya Bera, D. Chakrabarti, S. Chatterjee. Influence of cold rolling on microstructure, texture and mechanical properties of low carbon high Mn TWIP steel. Materials Science and Engineering A, 2014, 615: 405-415.

[215] G. Dini, R. Ueji, A. Najafizadeh, S. M. Monir-Vaghefi. Flow stress analysis of TWIP steel via the XRD measurement of dislocation density. Material Science and Engineering A, 2010, 527(10-11): 2759-2763.

[216] T. Suo, Y. L. Li, Y. Z. Guo, Y. Y. Liu. The simulation of deformation distribution during ECAP using 3D finite element method. Materials Science and Engineering A, 2006, 432(1): 269-274.

[217] J. Yanagimoto, J. Tokutomi, K. Hanazaki, N. Tsuji. Continuous bending-drawing process to manufacture the ultrafine copper wire with excellent electrical and mechanical properties. CIRP Annals-Manufacturing Technology, 2011, 60(1): 279-282.

[218] O. F. Higuera-Cobos, J. M. Cabrera. Mechanical, microstructural and electrical evolution of commercially pure copper processed by equal channel angular extrusion. Materials Science and Engineering A, 2013, 571(12): 103-114.

[219] J. E. Jin, Y. K. Lee. Strain hardening behavior of a Fe-18Mn-0.6C-1.5Al TWIP steel. Materials Science and Engineering A, 2009, 527(1-2): 157-161.

[220] J. A. Benito, R. Cobo, W. Lei, J. Calvo, J. M. Cabrera. Stress-strain response and microstructural evolution of a FeMnCAl TWIP steel during tension-compression tests, Materials Science and Engineering A, 2016, 655: 310-320.

[221] J. E. Jin and Y. K. Lee. Effects of Al on microstructure and tensile properties of C-bearing high Mn TWIP steel, Acta Materialia, 2012, 60(4): 1680-1688.

[222] I. Gutierrez-Urrutia, D. Raabe. Dislocation and twin substructure evolution during strain hardening of an Fe-22 wt.% Mn-0.6 wt.% C TWIP steel observed by electron channeling contrast imaging, Acta Materialia, 2011, 59(16): 6449-6462.

[223] L. Bracke, K. Verbeken, L. Kestens, J. Penning. Microstructure and texture evolution during cold rolling and annealing of a high Mn TWIP steel. Acta Materialia, 2009, 57(5): 1512-1524.

[224] R. Ueji, N. Tsuchida, D. Terada, N. Tsuji, Y. Tanaka, A. Takemura, K. Kunishige. Tensile properties and twinning behavior of high manganese austenitic steel with fine-grained structure. Scripta Materialia, 2008, 59(9): 963-966.

[225] Y. Estrin, A. Vinogradov. Extreme grain refinement by severe plastic deformation: A wealth of challenging science. Acta Materialia, 2013, 61(3): 782-817.

[226] P. Ludwik. Elemente der Technologischen Mechanik, Berlin: Julius Springer, 1909.

[227] J. H. Hollomon. Tensile Deformation. Trans. AIME, 162, 1945: 268-290.

[228] H. W. Swift. Plastic instability under plane stress. Journal of the Mechanics and Physics of Solids, 1952, 1(1): 1-18.

[229] G. E. Dieter. Mechanical Metallurgy: SI metric. UK: McGraw-Hill Book Company, 1988.

[230] R. A. Antunes, M. C. L Oliveira. Materials selection for hot stamped automotive body parts: An application of the Ashby approach based on the strain hardening exponent and stacking fault energy of materials. Materials and Design, 2014, 63(21), 247-256.